# BestMasters

Mit „BestMasters" zeichnet Springer die besten Masterarbeiten aus, die an renommierten Hochschulen in Deutschland, Österreich und der Schweiz entstanden sind. Die mit Höchstnote ausgezeichneten Arbeiten wurden durch Gutachter zur Veröffentlichung empfohlen und behandeln aktuelle Themen aus unterschiedlichen Fachgebieten der Naturwissenschaften, Psychologie, Technik und Wirtschaftswissenschaften.

Die Reihe wendet sich an Praktiker und Wissenschaftler gleichermaßen und soll insbesondere auch Nachwuchswissenschaftlern Orientierung geben.

Oliver Schmitz

# Modellbasierte Untersuchung der $CO_2$-Abscheidung aus Kraftwerksabgasen

Vergleich zweier Alkanolamine

 Springer Vieweg

Oliver Schmitz
Paderborn, Deutschland

BestMasters
ISBN 978-3-658-12447-2          ISBN 978-3-658-12448-9 (eBook)
DOI 10.1007/978-3-658-12448-9

Die Deutsche Nationalbibliothek verzeichnet diese Publikation in der Deutschen Nationalbi-bliografie; detaillierte bibliografische Daten sind im Internet über http://dnb.d-nb.de abrufbar.

Springer Vieweg
© Springer Fachmedien Wiesbaden 2016

Gedruckt auf säurefreiem und chlorfrei gebleichtem Papier

Springer Fachmedien Wiesbaden GmbH ist Teil der Fachverlagsgruppe
Springer Science+Business Media (www.springer.com)

# Inhaltsverzeichnis

Inhaltsverzeichnis ......................................................................................... V

Abbildungsverzeichnis ................................................................................ IX

Tabellenverzeichnis .................................................................................... XV

Symbolverzeichnis ..................................................................................... XIX

Abkürzungsverzeichnis ........................................................................... XXIII

1   Einleitung .................................................................................... 1

    1.1   Motivation ............................................................................................ 1

    1.2   Stand der Technik ................................................................................ 3

    1.3   Aufgabenstellung & Zielsetzung ....................................................... 5

    1.4   Vorgehensweise ................................................................................... 7

2   Theoretische Grundlagen .......................................................... 9

    2.1   Modellierungskonzepte reaktiver Trennverfahren ......................... 9

        2.1.1   Generelle Aspekte ...................................................................... 9

        2.1.2   Gleichgewichtsstufenmodell ................................................. 10

        2.1.3   Kinetisch basiertes Modell .................................................... 12

        2.1.4   Prozesssimulator .................................................................... 18

    2.2   Modellparameter ............................................................................. 21

        2.2.1   Thermodynamische Gleichgewichte ................................... 21

        2.2.2   Chemische Gleichgewichte ................................................... 24

        2.2.3   Physikalische Stoffdaten ....................................................... 26

        2.2.4   Stofftransport- und fluiddynamische Eigenschaften ......... 30

        2.2.5   Reaktionskinetiken ................................................................ 35

2.3 Alkanolamine als chemische Absorptionsmittel für $CO_2$ .................................36

    2.3.1 Definition - Alkanolamine ..............................................................37

    2.3.2 Beschreibung der verwendeten Absorbens ...............................37

3 Modellaufbau .............................................................................................39

    3.1 Prozessdarstellung ..............................................................................39

    3.2 Reaktionssysteme ................................................................................42

        3.2.1 MEA-$CO_2$-System .......................................................................44

        3.2.2 AMP-$CO_2$-System ......................................................................45

    3.3 Übersicht vorgegebener Prozessparameter .......................................48

    3.4 Numerische Diskretisierung ................................................................49

        3.4.1 MEA-$CO_2$-System .......................................................................52

        3.4.2 AMP-$CO_2$-System ......................................................................56

    3.5 Modellvalidierung ................................................................................62

        3.5.1 MEA-$CO_2$-System .......................................................................62

        3.5.2 AMP-$CO_2$-System ......................................................................65

4 Parameterstudien – MEA vs. AMP ...........................................................73

    4.1 Betrachtung der *base case* Simulationen .........................................73

        4.1.1 Kohlebefeuerter Kraftwerksprozess .........................................76

        4.1.2 Gasbefeuerter Kraftwerksprozess ............................................81

    4.2 Sensitivitätsanalyse – Untersuchung ausgewählter Einflussparameter ..85

        4.2.1 Absorberhöhe ............................................................................86

        4.2.2 L/G-Verhältnis ...........................................................................91

        4.2.3 Temperatur im Reboiler .............................................................95

        4.2.4 Druck im Desorber .....................................................................99

        4.2.5 Konzentration des Alkanolamins in Lösung ............................103

4.2.6    Temperatur des eintretenden Absorbens........................................ 108

4.3    Parameteroptimierung................................................................ 112

4.3.1    Formulierung der Ziele ............................................................ 112

4.3.2    Vorgehensweise zur Wahl der Parameter ................................. 114

4.3.3    Tabellarische Ergebnisübersicht............................................. 116

4.3.4    Illustration der Ergebnisse...................................................... 117

5    Fazit ................................................................................................. 123

5.1    Diskussion der Ergebnisse.......................................................... 123

5.2    Kritische Gesamtbewertung........................................................ 128

5.3    Handlungsempfehlung................................................................ 131

6    Zusammenfassung und Ausblick................................................. 135

7    Literaturverzeichnis ..................................................................... 139

# Abbildungsverzeichnis

Abbildung 1:    Gleichgewichtsstufenmodell vs. rate-based Modell.............................. 12

Abbildung 2:    Prinzipskizze des Zweifilmmodells.................................................... 13

Abbildung 3:    Strukturformel des MEA (links) sowie des AMP (rechts).................. 37

Abbildung 4:    Genereller Aufbau eines $CO_2$-Absorption-Desorption-Kreislauf-
                prozesses...................................................................................... 39

Abbildung 5:    Modell des $CO_2$-Absorption-Desorption-Kreislaufprozesses in
                der Simulationsumgebung Aspen Custom Modeler®................... 40

Abbildung 6:    Konzentrationsprofile im Gas- und Flüssigfilm für instantan
                ablaufende (links) und schnell ablaufende (pseudo-first order)
                Reaktionen (rechts) unter Anwendung der Film-Theorie............... 50

Abbildung 7:    Absorptionsrate $\Psi$abs als Funktion der Anzahl axialer Diskrete
                Nax für den Absorber des MEA-$CO_2$-Systems. ........................... 52

Abbildung 8:    Absorptionsrate $\Psi$abs als Funktion der Anzahl radialer
                Filmsegmente Nfilm sowie des Distributionsfaktors m für den
                Absorber des MEA-$CO_2$-Systems (Kohle-Fall). ......................... 53

Abbildung 9:    Absorptionsrate $\Psi$abs als Funktion der Anzahl radialer
                Filmsegmente Nfilm sowie des Distributionsfaktors m für den
                Absorber des MEA-$CO_2$-Systems (Gas-Fall)............................... 54

Abbildung 10:   Desorptionsrate $\Psi$des als Funktion der Anzahl axialer Diskrete
                Nax für den Desorber des MEA-$CO_2$-Systems (Kohle-Fall)......... 55

Abbildung 11:   Desorptionsrate $\Psi$des als Funktion der Anzahl radialer
                Filmsegmente Nfilm sowie des Distributionsfaktors m für den
                Desorber des MEA-$CO_2$-Systems (Kohle-Fall).......................... 55

Abbildung 12:   Absorptionsrate $\Psi$abs als Funktion der Anzahl axialer Diskrete
                Nax für den Validierungsabsorber des AMP-$CO_2$-Systems............ 56

Abbildung 13:  Absorptionsrate $\Psi_{abs}$ als Funktion der Anzahl radialer Filmsegmente Nfilm sowie des Distributionsfaktors m für den Validierungsabsorber des AMP-$CO_2$-Systems. ...................... 57

Abbildung 14:  Absorptionsrate $\Psi_{abs}$ als Funktion der Anzahl axialer Diskrete Nax für den Absorber des AMP-$CO_2$-Systems. ...................... 58

Abbildung 15:  Absorptionsrate $\Psi_{abs}$ als Funktion der Anzahl radialer Filmsegmente Nfilm sowie des Distributionsfaktors m für den Absorber des AMP-$CO_2$-Systems (Kohle-Fall). ...................... 59

Abbildung 16:  Absorptionsrate $\Psi_{abs}$ als Funktion der Anzahl radialer Filmsegmente Nfilm sowie des Distributionsfaktors m für den Absorber des AMP-$CO_2$-Systems (Gas-Fall). ...................... 59

Abbildung 17:  Desorptionsrate $\Psi_{des}$ als Funktion der Anzahl axialer Diskrete Nax für den Desorber des AMP-$CO_2$-Systems (Kohle-Fall). ...................... 60

Abbildung 18:  Desorptionsrate $\Psi_{des}$ als Funktion der Anzahl radialer Filmsegmente Nfilm sowie des Distributionsfaktors m für den Desorber des AMP-$CO_2$-Systems (Kohle-Fall). ...................... 61

Abbildung 19:  Parity Plot - Absorptionsrate $\Psi_{abs}$ aller Testläufe A1 – A10. ...................... 63

Abbildung 20:  Parity Plot – Austrittstemperatur Gas aller Testläufe A1 – A10. ...................... 64

Abbildung 21:  Parity Plot – Austrittstemperatur Absorbens aller Testläufe A1 – A10. ...................... 64

Abbildung 22:  $CO_2$-Konzentrationsprofile für die simulierten (Linien) und experimentellen (Symbole) Ergebnisse für R4, R7 und R9 in der Gas- (links) und Flüssigphase (rechts). ...................... 68

Abbildung 23:  Parity Plot - Absorptionsrate $\Psi_{abs}$ aller Testläufe R1 – R11. ...................... 69

Abbildung 24:  Temperaturprofile für die simulierten (Linien) und experimentellen (Symbole) Ergebnisse für R4 (links), R7 (Mitte) und R9 (rechts). ...................... 70

Abbildung 25:  Parity Plot – Austrittstemperatur Gas aller Testläufe R1 – R11. ...................... 71

Abbildung 26:   Parity Plot - Austrittstemperatur Absorbens aller Testläufe R1
                – R11. ................................................................................................................. 72

Abbildung 27:   $CO_2$-Konzentrationsprofile des base case Kohle-Falls im
                *Absorber* für das Absorbens (links) und das Gas (rechts)
                (Bedingungen laut Tabelle 9)..................................................................... 76

Abbildung 28:   $CO_2$-Konzentrationsprofile des base case Kohle-Falls im
                *Desorber* für das Absorbens (links) und das Gas (rechts)
                (Bedingungen laut Tabelle 9)..................................................................... 76

Abbildung 29:   Temperaturprofile des base case Kohle-Falls im *Absorber* für
                das Absorbens (links) und das Gas (rechts) (Bedingungen laut
                Tabelle 9). ....................................................................................................... 77

Abbildung 30:   Temperaturprofile des base case Kohle-Falls im *Desorber* für
                das Absorbens (links) und das Gas (rechts) (Bedingungen laut
                Tabelle 9). ....................................................................................................... 78

Abbildung 31:   Flüssig- (links) und Gasbelastung (rechts) im *Absorber* für den
                base case Kohle-Fall (Bedingungen laut Tabelle 9). ....................... 79

Abbildung 32:   $CO_2$-Konzentrationsprofile des base case Gas-Falls im *Absorber*
                für das Absorbens (links) und das Gas (rechts) (Bedingungen
                laut Tabelle 9).............................................................................................. 81

Abbildung 33:   $CO_2$-Konzentrationsprofile des base case Gas-Falls im Desorber
                für das Absorbens (links) und das Gas (rechts) (Bedingungen
                laut Tabelle 9).............................................................................................. 81

Abbildung 34:   Temperaturprofile des base case Gas-Falls im *Absorber* für das
                Absorbens (links) und das Gas (rechts) (Bedingungen laut
                Tabelle 9). ....................................................................................................... 83

Abbildung 35:   Temperaturprofile des base case Gas-Falls im *Desorber* für das
                Absorbens (links) und das Gas (rechts) (Bedingungen laut
                Tabelle 9). ....................................................................................................... 83

Abbildung 36:   Flüssig- (links) und Gasbelastung (rechts) im *Absorber* für den
                base case Gas-Fall (Bedingungen laut Tabelle 9). ................................ 84

Abbildung 37:   Darstellung der Ab-/Desorptionseffizienz bei Variation der
                Absorberhöhe (MEA). ........................................................................ 87

Abbildung 38:   Darstellung der energetischen Effizienz bei Variation der
                Absorberhöhe (MEA). ........................................................................ 88

Abbildung 39:   Darstellung der Ab-/Desorptionseffizienz bei Variation der
                Absorberhöhe (AMP). ........................................................................ 89

Abbildung 40:   Darstellung der energetischen Effizienz bei Variation der
                Absorberhöhe (AMP). ........................................................................ 89

Abbildung 41:   Darstellung der Ab-/Desorptionseffizienz bei Variation des
                L/G-Verhältnisses (MEA). .................................................................. 91

Abbildung 42:   Darstellung energetischen Effizienz bei Variation des L/G-
                Verhältnisses (MEA). ......................................................................... 92

Abbildung 43:   Darstellung der Ab-/Desorptionseffizienz bei Variation des
                L/G-Verhältnisses (AMP). .................................................................. 93

Abbildung 44:   Darstellung der energetischen Effizienz bei Variation des L/G-
                Verhältnisses (AMP). ......................................................................... 93

Abbildung 45:   Darstellung der Ab-/Desorptionseffizienz bei Variation der
                Reboiler-Temp. (MEA). ...................................................................... 96

Abbildung 46:   Darstellung der energetischen Effizienz bei Variation der
                Reboiler-Temp. (MEA). ...................................................................... 96

Abbildung 47:   Darstellung der Ab-/Desorptionseffizienz bei Variation der
                Reboiler-Temp. (AMP). ...................................................................... 97

Abbildung 48:   Darstellung der energetischen Effizienz bei Variation der
                Reboiler-Temp. (AMP). ...................................................................... 98

Abbildung 49:   Darstellung der Ab-/Desorptionseffizienz bei Variation des
                Absorber-Druckes (MEA). ................................................................ 100

Abbildung 50:   Darstellung der energetischen Effizienz bei Variation des
                Absorber-Druckes (MEA). ............................................................................100

Abbildung 51:   Darstellung der Ab-/Desorptionseffizienz bei Variation des
                Absorber-Druckes (AMP). ..........................................................................101

Abbildung 52:   Darstellung der energetischen Effizienz bei Variation des
                Absorber-Druckes (AMP). ..........................................................................102

Abbildung 53:   Darstellung der Ab-/Desorptionseffizienz bei Variation der
                Amin-Konz. (MEA). .....................................................................................105

Abbildung 54:   Darstellung der energetischen Effizienz bei Variation der Amin-
                Konzentration (MEA). .................................................................................105

Abbildung 55:   Darstellung der Ab-/Desorptionseffizienz bei Variation der
                Amin-Konz. (AMP). .....................................................................................106

Abbildung 56:   Darstellung der energetischen Effizienz bei Variation der Amin-
                Konzentration (AMP). .................................................................................107

Abbildung 57:   Darstellung der Ab-/Desorptionseffizienz bei Variation der
                Abs.-Temperatur (MEA). .............................................................................109

Abbildung 58:   Darstellung der energetischen Effizienz bei Variation der Abs.-
                Temperatur (MEA). ......................................................................................110

Abbildung 59:   Darstellung der Ab-/Desorptionseffizienz bei Variation der
                Abs.-Temperatur (AMP). .............................................................................110

Abbildung 60:   Darstellung der energetischen Effizienz bei Variation der Abs.-
                Temperatur (AMP). ......................................................................................111

Abbildung 61:   $CO_2$-Konzentrationsprofile des optimierten Kohle-Falls im
                *Absorber* für das Absorbens (links) und das Gas (rechts)
                (Bedingungen laut Tabelle 35). ..................................................................117

Abbildung 62:   $CO_2$-Konzentrationsprofile des optimierten Kohle-Falls im
                *Desorber* für das Absorbens (links) und das Gas (rechts)
                (Bedingungen laut Tabelle 35). ..................................................................118

Abbildung 63: Temperaturprofile des optimierten Kohle-Falls im *Absorber* für das Absorbens (links) und das Gas (rechts) (Bedingungen laut Tabelle 35). ...................................................................................................118

Abbildung 64: Temperaturprofile des optimierten Kohle-Falls im *Desorber* für das Absorbens (links) und das Gas (rechts) (Bedingungen laut Tabelle 35). ...................................................................................................119

Abbildung 65: Flüssig- (links) und Gasbelastung (rechts) im *Absorber* für den optimierten Kohle-Fall (Bedingungen laut Tabelle 35). ......................119

Abbildung 66: $CO_2$-Konzentrationsprofile des optimierten Gas-Falls im *Absorber* für das Absorbens (links) und das Gas (rechts) (Bedingungen laut Tabelle 35). ...................................................................120

Abbildung 67: $CO_2$-Konzentrationsprofile des optimierten Gas-Falls im *Desorber* für das Absorbens (links) und das Gas (rechts) (Bedingungen laut Tabelle 35). ...................................................................120

Abbildung 68: Temperaturprofile des optimierten Gas-Falls im *Absorber* für das Absorbens (links) und das Gas (rechts) (Bedingungen laut Tabelle 35). ...................................................................................................121

Abbildung 69: Temperaturprofile des optimierten Gas-Falls im *Desorber* für das Absorbens (links) und das Gas (rechts) (Bedingungen laut Tabelle 35). ...................................................................................................121

Abbildung 70: Flüssig- (links) und Gasbelastung (rechts) im *Absorber* für den optimierten Gas-Fall (Bedingungen laut Tabelle 35). ..............................122

XIV

# Tabellenverzeichnis

Tabelle 1:    Thermodynamische Eigenschaften und die entsprechenden Berechnungsmethoden.............20

Tabelle 2:    Auswahl einiger Stoffdaten von MEA und AMP..............38

Tabelle 3:    Koeffizienten zur Berechnung der temperaturabhängigen Gleichgewichtskonstanten (MEA-System)..............45

Tabelle 4:    Koeffizienten zur Berechnung der temperaturabhängigen Gleichgewichtskonstanten (AMP-System)..............47

Tabelle 5:    Übersicht der Abgasstromwerte..............48

Tabelle 6:    Experimentelle Ergebnisse für das MEA-$CO_2$-System gemäß (Notz, 2010)..............62

Tabelle 7:    Experimentelle Ergebnisse für das AMP-$CO_2$-System..............65

Tabelle 8:    Vergleich experimenteller und modellbasierter Absorptionsrate $\Psi_{abs}$..............69

Tabelle 9:    Übersicht der base case Simulationen..............74

Tabelle 10:    Ergebnisse der Ab-/Desorptionseffizienz bei Variation der Absorberhöhe (MEA)..............87

Tabelle 11:    Ergebnisse der energetischen Effizienz bei Variation der Absorberhöhe (MEA)..............88

Tabelle 12:    Ergebnisse der Ab-/Desorptionseffizienz bei Variation der Absorberhöhe (AMP)..............88

Tabelle 13:    Ergebnisse der energetischen Effizienz bei Variation der Absorberhöhe (AMP)..............89

Tabelle 14:    Ergebnisse der Ab-/Desorptionseffizienz bei Variation des L/G-Verhältnisses (MEA)..............91

Tabelle 15:    Ergebnisse der energetischen Effizienz bei Variation des L/G-Verhältnisses (MEA)..............92

Tabelle 16:    Ergebnisse der Ab-/Desorptionseffizienz bei Variation des L/G-
               Verhältnisses (AMP). ................................................................................................ 92

Tabelle 17:    Ergebnisse der energetischen Effizienz bei Variation des L/G-
               Verhältnisses (AMP). ................................................................................................ 93

Tabelle 18:    Ergebnisse der Ab-/Desorptionseffizienz bei Variation der
               Reboiler-Temperatur (MEA). ................................................................................... 95

Tabelle 19:    Ergebnisse der energetischen Effizienz bei Variation der
               Reboiler-Temperatur (MEA). ................................................................................... 96

Tabelle 20:    Ergebnisse der Ab-/Desorptionseffizienz bei Variation der
               Reboiler-Temperatur (AMP). ................................................................................... 97

Tabelle 21:    Ergebnisse der energetischen Effizienz bei Variation der
               Reboiler-Temperatur (AMP). ................................................................................... 97

Tabelle 22:    Ergebnisse der Ab-/Desorptionseffizienz bei Variation des
               Absorber-Druckes (MEA). ....................................................................................... 99

Tabelle 23:    Ergebnisse der energetischen Effizienz bei Variation des
               Absorber-Druckes (MEA). ..................................................................................... 100

Tabelle 24:    Ergebnisse der Ab-/Desorptionseffizienz bei Variation des
               Absorber-Druckes (AMP). ..................................................................................... 101

Tabelle 25:    Ergebnisse der energetischen Effizienz bei Variation des
               Absorber-Druckes (AMP). ..................................................................................... 101

Tabelle 26:    Ergebnisse der Ab-/Desorptionseffizienz bei Variation der
               Amin-Konzentration (MEA). ................................................................................. 104

Tabelle 27:    Ergebnisse der energetischen Effizienz bei Variation der Amin-
               Konzentration (MEA). ............................................................................................ 105

Tabelle 28:    Ergebnisse der Ab-/Desorptionseffizienz bei Variation der
               Amin-Konzentration (AMP). ................................................................................. 106

Tabelle 29:    Ergebnisse der energetischen Effizienz bei Variation der Amin-
               Konzentration (AMP). ............................................................................................ 106

Tabelle 30:    Ergebnisse der Ab-/Desorptionseffizienz bei Variation der Abs.-Temperatur (MEA). ...........109

Tabelle 31:    Ergebnisse der energetischen Effizienz bei Variation der Abs.-Temperatur (MEA). ...........109

Tabelle 32:    Ergebnisse der Ab-/Desorptionseffizienz bei Variation der Abs.-Temperatur (AMP). ...........110

Tabelle 33:    Ergebnisse der energetischen Effizienz bei Variation der Abs.-Temperatur (AMP). ...........111

Tabelle 34:    Zielgrößen der Absorptionsraten. ...........113

Tabelle 35:    Übersicht der optimierten Simulationen. ...........116

Tabelle 36:    Vergleich ausgewählter Eigenschaften beider Alkanolamine (MEA, AMP). ...........127

# Symbolverzeichnis

## Lateinische Buchstaben

| Variable | Definition | Einheit |
|---|---|---|
| $a, a_p$ | spezifische (geometrische) Fläche der Packung | $m^2/m^3$ |
| $a_e$ | effektive Stoffaustauschfläche | $m^2/m^3$ |
| $a^l$ | volumenspezifische Phasengrenzfläche | $m^2/m^3$ |
| $a$ | Aktivität (stoffmengenanteilsbezogen) | - |
| $A_c$ | Kolonnenquerschnitt | $m^2$ |
| $c$ | Löslichkeit | $mol/m^3$ |
| $c$ | molare Konzentration | $kmol/m^3$ |
| $C$ | Konstante (siehe (Billet & Schultes, 1999)) | - |
| $D$ | Diffusionskoeffizient | $m^2/s$ |
| $d$ | Triebkraft für den Stofftransport | $1/m$ |
| $Đ$ | Stefan-Maxwell-Diffusionskoeffizient | $m^2/s$ |
| $E_A$ | Aktivierungsenergie | $kJ/kmol$ |
| $G$ | Gasmolenstrom | $kmol/s$ |
| $g$ | Gravitationskonstante (9,81) | $m/s^2$ |
| $h$ | molare Enthalpie | $kJ/kmol$ |
| $H$ | Höhe der Kolonne | $m$ |
| $Ha$ | Hatta-Zahl | - |
| $\Delta H_R^0$ | Reaktionsenthalpie | $kJ/kmol$ |
| $k$ | Reaktionsgeschwindigkeitskonstante 2. Ordnung | $m^3/(kmol\ s)$ |

| $K$ | Stoffübergangszahl/-koeffizient | m/s |
|---|---|---|
| $k_0$ | präexponentieller Faktor (Gl.(2.2.22)) | $m^3/(kmol\ s)$ |
| $K_i$ | Verteilungskoeffizient | - |
| $K_i^{eq}$ | Gleichgewichtskonstante der Reaktion i | - |
| $L$ | Flüssigkeitsmolenstrom | kmol/s |
| $L$ | axiale Koordinate | m |
| $L_p$ | benetzter Umfang eines Querschnittsausschnittes der Packung | m |
| $M$ | Distributionsfaktor | - |
| $N$ | Reaktionsordnung | - |
| $N$ | Stoffmengenfluss | $kmol/(m^2\ s)$ |
| $N_{ax}$ | Anzahl axialer Diskrete | - |
| $N_{Film}$ | Anzahl an Filmdiskreten (radial) | - |
| $N$ | Anzahl der Komponenten des Gemisches | - |
| $P$ | Druck | Pa |
| $Q$ | Wärmefluss | $kW/m^2$ |
| $Q$ | volumetrischer Strom | $m^3/s$ |
| $R$ | Reaktionsrate | $kmol/(m^3\ s)$ |
| $\mathfrak{R}$ | Gas-Konstante (8,3144) | kJ/(kmol K) |
| $RD$ | Reboiler Duty | $kJ/kg(CO_2)$ |
| $Re$ | Reynoldszahl | - |
| $T$ | Temperatur | K |
| $U$ | Geschwindigkeit bezogen auf den freien Kolonnenquerschnitt | m/s |

| | | |
|---|---|---|
| $X$ | Molenbruch Flüssigphase | kmol/kmol |
| $y$ | Molenbruch Gasphase | kmol/kmol |
| $z$ | axiale Längenkoordinate | m |
| $z$ | Ladungszahl | - |

# Griechische Buchstaben

| Variable | Definition | Einheit |
|---|---|---|
| $\delta$ | Filmdicke | m |
| $\varepsilon$ | Hohlraumvolumen | $m^3/m^3$ |
| $\eta$ | dynamische Viskosität | $(kg\,m)/s$ |
| $\eta$ | Wirkungsgrad | - |
| $\mu$ | Chemisches Potential | kJ/kmol |
| $\nu$ | stöchiometrischer Koeffizient | - |
| $\nu$ | kinematische Viskosität | $m^2/s$ |
| $\rho$ | Dichte | $kg/m^3$ |
| $\sigma$ | Oberflächenspannung | $kg/s^2$ |
| $\phi$ | volumetrischer Hold-up | $m^3/m^3$ |
| $\Psi$ | Widerstandskoeffizient | - |
| $\Psi$ | Absorptionsrate | % |

## Indices (hochgestellt)

| Variable | Definition |
|----------|------------|
| * | Im Gleichgewichtszustand |
| B | Kernphase (Bulk) |
| I | Phasengrenzfläche |
| If | Interface |

## Indices (tiefgestellt)

| Variable | Definition |
|----------|------------|
| Abs | Absorber |
| C | Kolonne |
| Des | Desorber |
| Eff | effektiv |
| G | Gasphase |
| H | hydraulisch |
| Hin | Hinreaktion |
| i,j | Komponenten/Reaktionsindices |
| L | Flüssigphase |
| P | particle (Partikel) / Packung |
| Ref | Referenz(-druck) |
| Rück | Rückreaktion |
| T | gesamtes Gemisch (total) |
| WÜ | Wärmeübertrager |

# Abkürzungsverzeichnis

| Variable | Definition |
|----------|------------|
| 3-AP | 3-Amino-1-Propanol |
| ACM | Aspen Custom Modeler® |
| AMP | 2-Amino-2-methyl-1-propanol |
| $AMPH^+$ | protoniertes AMP-Molekül |
| aq | in Wasser gelöst (lat.: aqua solutos) |
| BAuA | Bundesanstalt für Arbeitsschutz und Arbeitsmedizin |
| $CH_4$ | Methan |
| $CO_2$ | Kohlenstoffdioxid |
| $CO_3^{2-}$ | Carbonation |
| DEA | Diethanolamin |
| DIPPR | Design Institute for Physical Properties |
| Gl. | Gleichung(en) |
| $H_2O$ | Wasser |
| $H_2S$ | Schwefelwasserstoff |
| $H_3O^+$ | Hydroniumion |
| $HCO_3^-$ | Bicarbonation |
| HETP | height equivalent to a theoretical plate |
| LR-HE | Lean/Rich-Heat-Exchanger |
| MDEA | Methyldiethanolamin |
| MEA(H) | Monoethanolamin |
| $MEACOO^-$ | Carbamatverbindung des MEAs |
| $MEAH_2^+$ | protoniertes MEA-Molekül |

| | |
|---|---|
| MSG | Maxwell-Stefan-Gleichungen |
| $N_2$ | Stickstoff |
| $N_2O$ | Distickstoffmonoxid |
| NRTL | Non-Random-Two-Liquid |
| NTNU | Technisch-Naturwissenschaftliche Universität Norwegens |
| $OH^-$ | Hydroxidion |
| PZ | Piperazin |
| RB | Randbedingungen |
| SINTEF | Norwegisch: Stiftelsen for industriell og teknisk forskning |
| TEA | Triethanolamin |
| TRGS | Technische Regel für Gefahrstoffe |

# 1 Einleitung

## 1.1 Motivation

In Politik, Wirtschaft sowie der modernen Gesellschaft von heute stellt der Klimawandel eines der am häufigsten diskutierten Probleme dar. Hierbei übt dieser einen wesentlichen Einfluss auf die Auslegung zukunftsorientierter verfahrenstechnischer Prozesse aus. Vor allem Prozesse zur Energiebereitstellung unter Verwendung fossiler Energieträger wie Kohle, Erdöl oder Erdgas stellen eine enorme Herausforderung dar, weil sie für einen Großteil der Emissionen verantwortlich sind. Auf den Einsatz von fossilen Energieträgern kann hierbei zum heutigen Zeitpunkt noch nicht gänzlich verzichtet werden, da diese aufgrund des stetig steigenden Energiebedarfes sowie zwecks mangelnder Alternativen aus regenerativer Energiebereitstellung benötigt werden.

Das in dieser Arbeit thematisierte Kohlenstoffdioxid ($CO_2$) ist neben Methan ($CH_4$) und Distickstoffmonoxid ($N_2O$) eines der entscheidenden Treibhausgase, die im Wesentlichen für den sogenannten „Treibhauseffekt" verantwortlich sind. Obwohl einige Treibhausgase wie z.B. $CH_4$ einen massenspezifisch höheren Treibhauseffekt besitzen, gilt $CO_2$ aufgrund des jährlichen, globalen Ausstoßes von rund 35,1 Gt (Stand: 2013)[1] als einer der „Hauptverursacher" des Klimawandels. Aus genannten Gründen steht es daher sowohl im politischen als auch technischen Interesse, um eine Verminderung oder gar Vermeidung in gewissen Prozessen herbeizuführen.

Die $CO_2$-Abscheidung mittels Alkanolaminlösungen hat sich als die technologische Wahl der heutigen Zeit ergeben.[2] Insbesondere die Einbindung des $CO_2$-Abscheideprozesses als *post combustion unit* spielt eine zentrale Rolle.

---

[1] Berechnungen laut IWR – Internationales Wirtschaftsforum Regenerative Energien (http://www.iwr.de/wir/; aufgerufen am 16.12.2014)

[2] (Schmitz, 2014)

Ziel ist es hierbei, die $CO_2$-Emissionen, welche z.B. bei den Verbrennungsvorgängen von kohle- und gasbefeuerten Kraftwerken freigesetzt werden, zu reduzieren. Ebenfalls sollen die Folgen des viel diskutierten Treibhauseffektes auf diese Weise gemindert werden. Die reaktive $CO_2$-Absorption (auch: Chemisorption) ist hierbei eine interessante Wahl, da sie bei moderaten Betriebsbedingungen erfolgen kann. Unter reaktiver Absorption versteht man hierbei die Kopplung von absorptivem Stofftransport mit chemischen Reaktionen. Als moderate Betriebsbedingungen können zum Beispiel moderate Partialdrücke an $CO_2$ im Rohgas genannt werden, die trotzdem zu hohen Beladungen des Absorbens führen. Auf diese Weise lässt sich die zirkulierende Umlaufmenge an Waschmittel reduzieren. Um diese technologischen Prozesse auf die realen Betriebsbedingungen anzupassen, ist es unerlässlich, Berechnungsgrundlagen und *scale-up-Kriterien* herzuleiten. Die meist im Labor- oder Technikumsmaßstab gemachten Beobachtungen können auf diese Weise in großtechnische, kommerziell nutzbare Anlagen umgesetzt werden. Für diesen Schritt hat sich die Modellierung von verfahrenstechnischen Prozessen als ein bewährtes Mittel gezeigt. Hierzu müssen Modelle entwickelt werden, die zuverlässige Ergebnisse liefern. Zudem müssen sie möglichst flexibel in ihrer Anwendung und für den Anwender transparent sein. Auf diese Weise lässt sich eine optimale Funktionsweise ermitteln, die sich unter anderem aus der Prozessgestaltung, sorgfältig ausgewählten Kolonneneinbauten sowie auch insgesamt einem guten Prozessverständnis ergibt.[3]

Eine Möglichkeit, diesen Forderungen nachzukommen, ist die rigorose rate-based Modellierung mittels des Simulationstools *Aspen Custom Modeler®* (ACM). ACM bietet dem Nutzer eine vollständig transparente Programmierplattform, welche in eine durch graphische Elemente unterstützte Simulationsumgebung eingebettet ist. Hierdurch ist neben einer sehr guten Nachvollziehbarkeit der implementierten und ablaufenden Prozesse ebenfalls die Möglichkeit der Abbildung real ablaufender Prozesse gegeben. Die Beachtung von Stofftransport- und Wärmeübertragungsvorgängen sowie die Berücksichtigung von Reaktionskinetiken und –gleichgewichten seien nur einige Aspekte, die an dieser Stelle zu nennen sind.

---

[3] (Kenig, 2000)

2

Die Validierung der Modelle wird anhand experimenteller Daten vorgenommen und stellt sicher, dass die Simulationsergebnisse die realen Verhältnisse möglichst genau abbilden.

Die Simulation mittels des rate-based Modellierungsansatzes ermöglicht es dem Nutzer, Studien anhand verschiedenster Verfahrens- und Betriebsparameter vorzunehmen. Da viele Untersuchungen mit einem Optimierungsproblem verbunden sind, kann solch ein Modell für eine systematische Analyse genutzt werden.

## 1.2 Stand der Technik

Die modellbasierte Simulation der $CO_2$ Abscheidung hat insbesondere in den letzten Jahren einen enormen Aufschwung erhalten. Dies ist zum einen der andauernden Leistungssteigerung der Computer zu verdanken, zum anderen steigt das Interesse an simulationsbasierten Analysetools, da experimentelle Untersuchungen kostenintensiv und in ihren Möglichkeiten limitiert sind.

Die Prozesse zur $CO_2$-Abscheidung, in denen Alkanolamine in Lösung als Absorbens genutzt werden, haben sich aufgrund diverser Vorteile in der heutigen Zeit etabliert.[4] Für die nachfolgende Arbeit werden hierbei die beiden Absorbens auf Alkanolaminbasis namens *Monoethanolamin* (MEA) und *2-Amino-2-methyl-1-propanol* (AMP) betrachtet (für weitere Erläuterungen siehe Kapitel 2.3).

Bei der Simulation des MEA-$CO_2$-Systems in Packungskolonnen hat sich eine Vielzahl an Autoren hervorgetan. Exemplarisch zu nennen seien an dieser Stelle (Pandya, 1983), (Tontiwachwuthikul, et al., 1992), (Kucka, et al., 2003), (Aroonwilas, et al., 2003), (Liu, et al., 2006), (Tobiesen, et al., 2007), (Kvamsdal & Rochelle, 2008), (Faramarzi, et al., 2010), (Khan, et al., 2011), (Mores, et al., 2011) und (Mores, et al., 2012), (Moioli, et al., 2012) sowie (von Harbou, et al., 2014). Ein kurzer Überblick bezüglich heutiger Herausforderungen hinsichtlich der Modellierung reaktiver Absorptionsprozesse ist zudem in (Øi, 2010) gegeben.

---

[4] siehe hierzu auch (Schmitz, 2014)

Im Gegensatz hierzu ist die Anzahl an Simulationen des AMP-$CO_2$-Systems in Packungskolonnen eher rar. Besonders hervorgetan haben sich hierbei in den letzten Jahren die Arbeiten von (Alatiqi, et al., 1994), (Aboudheir & Tontiwachwuthikul, 2006) sowie (Gabrielsen, et al., 2006). Hierbei ist anzumerken, dass das Modell von (Alatiqi, et al., 1994) nicht anhand experimenteller Daten für ein AMP-$CO_2$-System validiert worden ist. Es hat lediglich ein Vergleich mit experimentellen Daten des Einsatzes der Absorbens MEA und Diethanolamin (DEA) gegeben. Für das Modell von (Aboudheir & Tontiwachwuthikul, 2006), welches in Analogie zu dem rate-based Ansatz des Modells von (Pandya, 1983) formuliert worden ist, sind einige vereinfachende Annahmen (u.a. Gas- und Flüssigströme entlang der Kolonnenhöhe konstant) getroffen, sodass auch hier modellbedingte Ungenauigkeiten enthalten sind. Die Validierung ist anhand experimenteller Daten von (Tontiwachwuthikul, et al., 1992) vorgenommen worden. Das Modell nach (Gabrielsen, et al., 2006) basiert ebenfalls auf der Arbeit von (Pandya, 1983) und ist zunächst anhand experimenteller Daten von (Tontiwachwuthikul, et al., 1992) validiert worden. Im darauffolgenden Jahr (2007) hat Gabrielsen im Zuge seiner Dissertation (Gabrielsen, 2007) eine eigens durchgeführte, experimentelle Untersuchung des AMP-$CO_2$-Systems durchgeführt und in (Gabrielsen, et al., 2007) veröffentlicht.

Auffällig ist, dass bis auf wenige Ausnahmen, insbesondere für das MEA-$CO_2$-System, noch viele der Darstellung auf einen *Ansatz mittels Gleichgewichtsstufenmodell* (siehe Kapitel 2.1.2) basieren. Der Trend zeigt jedoch, dass die Bestrebungen in der heutigen Zeit klar zur *Modellierung mittels des rate-based Ansatzes* (siehe Kapitel 2.1.3) gehen. Modellbedingte Abweichungen bei der Wahl eines Gleichgewicht basierten Ansatzes sind u.a. sehr gut für das MEA-$CO_2$-System in (Kenig, et al., 2002) oder für das AMP-$CO_2$-System (Afkhamipour & Mofarahi, 2013) dargeboten.

Eine noch wichtigere und als primäre Motivation zur Erstellung dieser Arbeit aufgegriffene Tatsache ist, dass nahezu alle der Modelle lediglich die Absorptionskolonne, und *keinen geschlossenen Absorption-Desorptions-Kreislaufprozess* abbilden. Aus den Erkenntnissen meiner Studienarbeit (Schmitz, 2014) hat sich jedoch ergeben, dass eine *kombinierte Betrachtung beider Prozessabschnitte (Absorption und*

4

*Desorption)* für aussagekräftige Ergebnisse, die sich in die Praxis übertragen lassen, unabdingbar ist.

## 1.3    Aufgabenstellung & Zielsetzung

Die Masterarbeit mit dem Thema „Modellbasierte Untersuchung der $CO_2$-Abscheidung aus Kraftwerksabgasen – Vergleich zweier Alkanolamine" hat sich thematisch aus meiner Studienarbeit mit dem Thema „Literaturrecherche: $CO_2$-Absorption mit Hilfe von Alkanolaminlösungen" ergeben. Die Idee, verschiedene Alkanolamine als Absorbens für die $CO_2$-Abscheidung zu nutzen, soll in dieser Arbeit aufgegriffen werden. Hierzu soll eine modellbasierte Untersuchung verschiedenster Einflussparameter vorgenommen werden.

In einem ersten Schritt soll ein bereits bestehendes Modell (vom Lehrstuhl für Fluidverfahrenstechnik an der Universität Paderborn), welches einen vollständigen Absorptions-Desorptions-Kreislaufprozess abbildet, herangezogen werden. In diesem Modell ist das Absorbens „Monoethanolamin" (MEA) implementiert worden, da dieses eines der wichtigsten für die $CO_2$-Abscheidung genutzten Absorbens darstellt.[5] Außerdem bietet eine Vielzahl von weiteren Studien und Modellen eine gute Vergleichbarkeit und ermöglicht die Verifizierung des bereits validierten Modells (siehe Abschnitt 1.2).

Parallel zu dem bereits bestehenden Modell soll schrittweise ein entsprechendes Modell für das Alkanolamin *2-Amino-2-methyl-1-propanol* (AMP) erstellt werden. Anhand experimenteller Daten[6] soll das Modell in einem weiteren Schritt validiert werden.

Sobald beide Modelle in validierter Form vorliegen, soll die Implementierung zweier Kraftwerksabgase vorgenommen werden. Hierzu stehen dem Lehrstuhl für Fluidverfahrenstechnik an der Universität Paderborn Werte aus realen Kraftwerksprozessen zur Verfügung, die jedoch aus Gründen des Datenschutzes nicht

---

[5] (Schmitz, 2014)

[6] (Gabrielsen, et al., 2007)

weiter spezifiziert werden sollen. Um ein möglichst breites $CO_2$-Spektrum im eintretenden Abgasstrom abzudecken, wird neben einem gasbefeuerten Kraftwerksprozess (*low carbon*) ebenfalls ein kohlebefeuerter (*high carbon*) betrachtet. Einen signifikanten Anteil in diesem Abschnitt der Arbeit macht die sogenannte Diskretisierung aus (siehe hierzu Kapitel 3.4).

In einem weiteren Schritt sollen verschiedenste Parameter, die im Laufe der Arbeit zu definieren sind, im Zuge einer Sensitivitätsanalyse untersucht werden. Die Parameter sollen im Vornherein durch Überlegungen zu ihrem Einfluss selektiert und hierdurch auf eine überschaubares Maß reduziert werden. Die Analysen sollen Erkenntnisse sowohl hinsichtlich der Ab- und Desorptionseffizienz als auch der energetischen Effizienz des Gesamtprozesses liefern. Abschließend sollen die untersuchten Parameter des geschlossenen Absorptions-Desorptions-Kreislaufprozesses beider Absorbens für die Abgase der jeweiligen Kraftwerksprozesse optimiert werden. Hierzu müssen zunächst angestrebte Ziele inklusive der benötigten Zielgrößen definiert werden, um eine Vergleichbarkeit beider Absorbens in einem entsprechenden Rahmen zu gewährleisten.

Die Diskussion der Eignung beider Absorbens für die $CO_2$-Abscheidung aus den entsprechenden Kraftwerksabgasen mit ihren jeweiligen Vor- und Nachteilen soll im Anschluss hieran erfolgen.

Darüber hinaus kann als weiteres Ziel formuliert werden, dass durch diese Arbeit gezeigt werden soll, dass die Implementierung weiterer Absorbens in das bestehende Modell möglich ist. Dieser Aspekt spielt für den großtechnischen und kommerziellen Einsatz von Simulationstools eine wesentliche Rolle. Als Herausforderung und unter Umständen auch Bedingung zur Realisierung dieses Aspektes lässt sich hierbei das Auffinden der benötigten Properties, vor allem für die auftretenden Elektrolyte, formulieren. Sind diese Stoffdaten nicht verfügbar, gestaltet sich die Implementierung der entsprechenden, neuen Absorbens als schwierig oder gar unmöglich.

## 1.4 Vorgehensweise

Für das Verständnis der Thematik wird zu Beginn der Arbeit eine Literaturrecherche betrieben. Die Verweise zu wissenschaftlichen Publikationen (sog. *Paper*) werden an dieser Stelle ohne Seitenzahl gegeben. Zudem können die Ergebnisse meiner Studienarbeit genutzt werden, insbesondere für den Punkt der reaktionstechnischen Aspekte. Außerdem sollen Grundlagen (Kapitel 2) erarbeitet werden, die für die Beschreibung und Erstellung des Modells von elementarer Bedeutung sind. Hierbei muss darauf geachtet werden, welche theoretischen Vorgänge berücksichtigt werden müssen, um die real ablaufenden Prozesse möglichst exakt abbilden zu können.

In einen weiteren Schritt soll das Verständnis für den Prozesssimulator *Aspen Custom Modeler®* mit Hilfe eines Tutorials entwickelt und vertieft werden. Anhand eines reduzierten Absorber-Modells mit dem Absorbens MEA soll die Anwendung des Modells erprobt werden.

In Kapitel 3 soll der Modellaufbau beider Systeme für die entsprechenden Absorbens betrachtet und erläutert werden. Für die schrittweise Erstellung des AMP-Modells wird zunächst der Absorber simuliert, um die reaktionstechnischen Aspekte, welche unter anderem durch Reaktionskinetiken und –gleichgewichte ausgedrückt werden, möglichst exakt abzubilden. Hierzu werden in der Literatur veröffentliche[7] sowie Werte aus der Datenbank des Simulationstools (vgl. *Aspen Properties Database*) verwendet. Sobald die realen Bedingungen möglichst exakt abgebildet worden sind, muss eine Diskretisierung des Modells vorgenommen werden. Hierzu wird zunächst die *axiale Diskretisierung* (Segmentierung der Kolonnenhöhe in einzelne Kolonnenabschnitte), im Anschluss hieran die *radiale Diskretisierung* (Segmentierung des Filmgebiets) ausgeführt. Gleichzeitig zu der radialen Diskretisierung wird der sogenannte Verteilungs- oder Distributionsparameter m untersucht. Dieser gibt an, ob die Segmentierung des Filmgebiets äquidistant, demnach in gleichgroße Segmente, oder in unterschiedlich große Segmente unterteilt wird. Dieser Aspekt wird im Verlaufe der Arbeit aber noch genauer erläutert werden. Nach der Diskretisierung kann das AMP-Modell anhand experimenteller Daten validiert werden.

---

[7] (Gabrielsen, et al., 2006)

7

Im nächsten Schritt wird das Reaktionssystem mit allen hierzu benötigten Parametern in das Modell für den Absorption-Desorption-Kreislauf implementiert und in einem Scale-Up auf die Realbedingungen angepasst. Im Anschluss hieran müssen beide vollständigen Modelle abschließend nach Eingabe der Prozessströme hinsichtlich ihrer Diskretisierung überprüft werden, sodass die Parameterstudien mit Hilfe des Simulationstools vorgenommen werden können.

Im Zuge der Parameterstudien (Kapitel 4) sollen zunächst sogenannte *base case* Simulationen erstellt werden. Diese den gesamten Kreislaufprozess abbildenden Simulationen stellen den Ausgangspunkt für die anschließenden Sensitivitätsanalysen dar. Außerdem bieten sie eine erste Vergleichbarkeit der beiden Absorbens untereinander. Hierbei soll ein besonderer Fokus auf die Ab- und Desorptionseffizienz sowie die energetische Betrachtung des Systems gelegt werden. Die entsprechenden $CO_2$-Konzentrations- und Temperaturprofile illustrieren die ablaufenden Vorgänge und Phänomene. Die anschließende Sensitivitätsanalyse soll auf Basis einer überschaubaren Menge an Einflussfaktoren vorgenommen werden. Die Formulierung der relevanten Parameter wird aus der umfangreichen Literaturrecherche zu Beginn der Arbeit sowie den Erkenntnissen meiner Studienarbeit (Schmitz, 2014) herausgearbeitet. Hierbei wird die Sensitivitätsanalyse mit dem geschlossenen Absorption-Desorption-Kreislaufprozess in der Simulationsumgebung durchgeführt. Tabellarische und graphische Aufbereitung der Ergebnisse mit entsprechenden Auswertungen bilden einen weiteren wesentlichen Aspekt des Kapitels. Die Auswertung der Ergebnisse bildet die Basis für die hieran anschließende Optimierung der Prozessparameter.

In Kapitel 5 sollen die Ergebnisse allumfassend reflektiert werden und ein abschließender Vergleich beider Absorbens vor dem Hintergrund der entsprechenden Kraftwerksprozesse vorgenommen werden. Eine kritische Gesamtbewertung, welche Probleme und weitere Erkenntnisse der Arbeit sowie Ansatzpunkte für zukünftige Arbeiten aufzeigt, soll ebenfalls erfolgen. Abschließend soll eine aussagekräftige Handlungsempfehlung auf Basis der Beobachtungen und Erkenntnisse getätigt werden.

Den Abschluss der Arbeit bildet das Kapitel 6, in welchem die Ergebnisse in prägnanter Form nochmals als Resumée zusammengefasst werden. Ein Ausblick mit konkreten Ansatzpunkten an diese Arbeit bildet einen runden Abschluss.

# 2 Theoretische Grundlagen

## 2.1 Modellierungskonzepte reaktiver Trennverfahren

### 2.1.1 Generelle Aspekte

Für die reaktive Absorption ist entscheidend, dass neben der reinen physikalischen Absorption der gewünschten Gaskomponenten auch die chemische Reaktion der Komponenten mit dem Lösungsmittel abläuft. Die inerten Gaskomponenten wie beispielsweise Stickstoff ($N_2$) bleiben von diesem Phänomen unberührt. Dass durch diese Tatsache moderate Betriebsbedingungen ermöglicht werden, ist bereits in der Einleitung angesprochen worden. Durch die auftretende(n) Reaktion(en) werden die Komponenten meist in die entsprechenden Elektrolyte überführt. Diese sind wiederum in polaren Medien wie Wasser ($H_2O$) gut löslich, sodass an die eigentlichen gewünschten Komponenten in reiner Form (u.a. $CO_2$) keine besonders hohen Anforderungen hinsichtlich ihrer physikalischen Löslichkeit in dem Absorbens gestellt werden müssen.[8] Für die reaktive Absorption von $CO_2$ laufen die chemischen Reaktionen allein in der Flüssigphase ab. Dieser Aspekt wird auch im Modell berücksichtigt.

Für die physikalische Absorption ist der Partialdruck der zu lösenden Komponente ein sensibler Einflussparameter auf den Prozess. Insbesondere bei niedrigen $CO_2$-Konzentrationen erweisen sich die bei der Reaktivabsorption ablaufenden Reaktionen als besonders vorteilhaft. Eine unbegrenzte Löslichkeit und chemische Bindung der abzutrennenden Komponente, in diesem Fall dem $CO_2$, ist jedoch nicht gegeben. Dieser Aspekt beruht auf der Tatsache, dass die Reaktionen i.d.R. durch die Stöchiometrie sowie Reaktionsgleichgewichte limitiert werden. Ebenfalls stellt die Exothermie der auftretenden Reaktionen, bei der Wärme im hohen Maße frei wird, eine besondere Herausforderung an die Modellbildung.

---

[8] (Sherwood, et al., 1975)

Neben den zu berücksichtigenden Stofftransportphänomenen sind daher auch die Wärmetransportphänomene unbedingt zu beachten.

Da eine Großzahl der technisch realisierten Reaktivabsorptionsprozesse stationär ablaufen, wird im Zuge dieser Arbeit die Simulation im stationären Zustand (engl.: *steady-state*) betrieben.

### 2.1.2   Gleichgewichtsstufenmodell

Für die Modellierung von Reaktivabsorptionsprozessen ist in den letzten Jahrzehnten sehr oft das Modell der theoretischen Trennstufe genutzt worden (siehe Abschnitt 1.2). Das Gleichgewichtsstufenmodell besteht bereits seit dem Jahr 1893 und ist von SOREL[9] veröffentlicht worden. Eine Vielzahl weiterer Publikationen hat sich intensiv mit diesem Modell auseinandergesetzt und unterschiedlichste Aspekte zu der Modellentwicklung, der Modelllösung sowie dem Anwendungsbereich erörtert.[10]

Das Gleichgewichtsmodell tätigt die Annahme, dass der austretende Gasstrom eines Packungssegments oder eines Bodens der Kolonne im thermodynamischen Gleichgewicht mit dem entsprechenden, austretenden Flüssigkeitsstrom steht. Durch die Implementierung von Gleichungen, welche Reaktionsgleichgewichte und –kinetiken berücksichtigen, lassen sich die chemischen Reaktionen für die Chemisorption beschreiben. Außerdem finden diese Gleichungen in den Energie- und Komponentenbilanzen Berücksichtigung.

Wie gut sich ein realer Prozess nun mit dem Gleichgewichtsstufenmodell abbilden lässt, hängt vor allem von dem physikalischen Stofftransport und der Geschwindigkeit der ablaufenden Reaktionen ab.

Die Hatta-Zahl, welche zur Klassifizierung unterschiedlicher Absorptionsregime hinzugezogen werden kann, wird hierbei gemäß Gleichung (Gl.) (2.1.1) definiert.[11]

---

[9] (Sorel, 1893)

[10] (Henley & Seader, 1981)

[11] (Astarita, 1967)

$$Ha = \frac{1}{k_L} \sqrt{\frac{2}{n+1} \, k \, (c^*)^{n-1} \, D} \qquad\qquad (2.1.1)$$

Die Hatta-Zahl gibt das Verhältnis zwischen maximal möglichem Umsatz und maximal möglichem Stofftransport in der Reaktionszone an.

Es lässt sich demnach, je nach Größe der Hatta-Zahl, zwischen sehr schneller, schneller, mittlerer und langsamer chemischer Reaktion, immer bezogen auf den physikalischen Stofftransport, unterscheiden.[12]

Für den Fall, dass sehr schnelle Reaktionen vorliegen, lässt sich der reaktive Stofftransport durch Verwendung des Reaktionsgleichgewichtszustandes zufriedenstellend wiedergeben. Der Einsatz eines nichtreaktiven Gleichgewichts-stufenmodells mit Berücksichtigung der chemischen Reaktionsgleichgewichte ist für diesen theoretischen Fall mit hinreichender Genauigkeit möglich. Nicht-Idealitäten lassen sich zusätzlich durch die Angabe eines Bodenwirkungsgrades berücksichtigen. Liegt jedoch der Fall vor, dass die auf den Stofftransport bezogene Reaktions-geschwindigkeit abnimmt, steigt die Bedeutung der Reaktionskinetik enorm. Der Effekt der Reaktionskinetik dominiert die real ablaufenden Prozesse und muss daher sowohl in der Stoff- als auch in der Energiebilanzierung Beachtung finden. Diese Methodik der Modellbildung wird im nächsten Kapitel 2.1.3 genauer erläutert.

Als weiterer Effekt muss die beschleunigende Wirkung der Reaktionen auf den Stofftransport genannt werden. Hierbei werden im Allgemeinen (i.A.) sogenannte Enhancementfaktoren hinzugezogen.[13] Die Werte können durch experimentelle Untersuchungen sowie durch die Betrachtung vereinfachter theoretischer Modelle ermittelt werden. Da unter realen Bedingungen komplexe Mehrkomponentensysteme vorliegen, lassen sich die Enhancementfaktoren nicht mit ausreichender Genauigkeit durch Untersuchungen vereinfachter binärer Systeme ableiten.

Für die industriell betriebenen Reaktivabsorptionsprozesse hat sich gezeigt, dass das thermodynamische Gleichgewicht meist nicht erreicht wird. Sowohl der Einsatz der

---

[12] (Doraiswamy & Sharma, 1984)

[13] (Danckwerts, 1970)

Berechnungsgrößen des Bodenwirkungsgrades sowie sogenannter HETP-Werte (height equivalent to a theoretical plate) können die vorliegenden Mehrkomponentensysteme mit nur unzureichender Genauigkeit abbilden. Aus diesem Grund wird die Modellbildung mittels eines kinetisch basierten Ansatzes (rate-based Ansatz) präferiert. Abbildung 1 veranschaulicht nochmals die wichtigsten Annahmen und Grundsätze beider Modelle. Das Modell des rate-based Ansatzes wird hierbei im nachfolgenden Abschnitt 2.1.3 weiter spezifiziert.

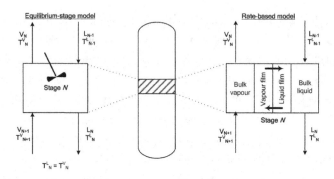

Abbildung 1: Gleichgewichtsstufenmodell vs. rate-based Modell.[14]

## 2.1.3 Kinetisch basiertes Modell

Die Modellierung von kinetisch bestimmten Systemen kann über den sogenannten *Rate-based Approach* erfolgen.[15] Der Ansatz verbindet Stoffübergangsraten von Mehrkomponentensystemen und koppelt diese mit Wärmeübergangsphänomenen sowie den auftretenden chemischen Reaktionen.

Zur Beschreibung der Stoffübergangsphänomene an der Phasengrenzfläche zwischen Gas- und Flüssigphase haben sich im Wesentlichen zwei Modellvorstellungen etabliert[16].

---

[14] (Abu Zahra, 2009)

[15] (Seader, 1989)

[16] (Baehr & Stephan, 2013), S. 89-97

Diese sind i.A. unter folgenden Bezeichnungen bekannt:

a) *Zweifilmmodell* nach Lewis und Whitman (1923)

b) *Oberflächenerneuerungstheorien*: Grenzflächentheorie nach Danckwerts (1951) und Penetrationstheorie nach Higbie (1935)

Die enthaltenen Modellparameter werden i.d.R. durch Korrelationen abgeschätzt. Hierbei haben Erfahrungen gezeigt, dass das *Zweifilmmodell* vorteilhaft ist, da eine größere Anzahl an Korrelationen in der Literatur veröffentlicht ist. Diese sind in den meisten Fällen an die verschiedenen Einbauten der Kolonnen sowie unterschiedliche Stoffsysteme anpassbar. Dieser Aspekt ist insbesondere für die Simulation von industriell genutzten Prozessen von elementarer Bedeutung. Aus diesem Grund soll im weiteren Verlauf dieser Arbeit lediglich auf die Beschreibung des *Zweifilmmodells* eingegangen werden.

Das *Zweifilmmodell* (siehe Abbildung 2) basiert auf der Annahme, dass der gesamte Stoffübergangswiderstand in zwei Filmen liegt, die neben der Phasengrenzfläche angeordnet sind. Hierbei geschieht der Stofftransport in diesen Bereichen allein durch stationäre Diffusion. Für die Kernphasen (engl.: bulk) wird angenommen, dass eine vollständige Durchmischung besteht, sodass hier keinerlei Konzentrationsgradienten vorliegen. Als Resultat ergibt sich in den Filmregionen ein eindimensionaler diffusiver Stofftransport senkrecht zur Phasengrenzfläche.

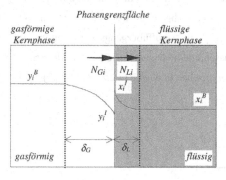

Abbildung 2: Prinzipskizze des Zweifilmmodells.[17]

---

[17] (Kenig, et al., 2002)

Da, wie bereits in Kapitel 2.1.2 erwähnt, Mehrkomponentensysteme vorliegen, muss ebenfalls Mehrkomponentendiffusion in den Filmphasen berücksichtigt werden. Hierzu werden i.A. die Maxwell-Stefan-Gleichungen (MSG) hinzugezogen. Diese können aus der kinetischen Gastheorie abgeleitet werden.[18] Durch die MSG werden die diffusiven Stoffflüsse mit den Gradienten ihrer chemischen Potentiale verknüpft. Zur Beschreibung realer Fluide können die MSG in generalisierter Form hinzugezogen werden (siehe Gl. (2.1.2)).[19]

$$d_i = \sum_{j=1}^{n} \frac{x_i N_{Lj} - x_j N_{Li}}{c_{Lt} \, Ð_{ij}} \quad \text{für} \quad i = 1, \dots, n \tag{2.1.2}$$

Hierbei beschreibt $d_i$ die generalisierte Triebkraft gemäß Gl. (2.1.3).

$$d_i = \frac{x_i}{\Re T} \frac{d\mu_i}{dz} \quad \text{für} \quad i = 1, \dots, n \tag{2.1.3}$$

In ähnlicher Weise können Gleichungen für die Gasphase generiert werden. Die Beschreibung des Stofftransports zwischen Gas- und Flüssigphase lässt sich demnach über eine Kombination der Zweifilmtheorie und der MSG erzielen. Der Phasengleichgewichtszustand wird als Annahme im Gegensatz zum Gleichgewichtsmodell lediglich an der Phasengrenzfläche erreicht.

Abschließend sei als Kommentar angefügt, dass die Filmdicke δ (s. Abbildung 2) ein reiner Modellparameter ist und an dieser Stelle nicht mit beispielsweise einem realen Flüssigkeitsfilm verwechselt werden darf. Die Filmdicke kann hierbei anhand von Stoffübergangskorrelationen abgeleitet werden. Durch in der Literatur verfügbare Korrelationen lassen sich Stoffübergangskoeffizienten in Abhängigkeit von physikalischen Stoffdaten und hydrodynamischen Verhältnissen in dem entsprechenden Kolonnenabschnitt beschreiben (siehe Gl. (2.2.5) und (2.2.7).[20]

---

[18] (Hirschfelder, et al., 1964)

[19] (Taylor & Krishna, 1993)

[20] (Sherwood, et al., 1975)

14

### 2.1.3.1   Bilanzgleichungen

Für ein Mehrkomponentensystem, welches durch ein kinetisch basiertes Modell beschrieben werden kann, werden die Komponentenbilanzen für die beiden Phasen separat formuliert.[21] Da bei dem Reaktivabsorptionsprozess mit $CO_2$ chemische Reaktionen in der flüssigen Phase auftreten, muss die stationäre Bilanz der flüssigen Phase (2.1.4) um einen entsprechenden Quellterm erweitert werden. Die Komponentenbilanz der gasförmigen Phase (2.1.5) kann dementsprechend vereinfacht dargestellt werden.

$$0 = -\frac{d}{dl}(Lx_i^B) + (N_{Li}^B\, a^l + R_{Li}^B\, \phi_L)\, A_c \; \text{für } i = 1, \dots, n \qquad (2.1.4)$$

$$0 = \frac{d}{dl}(Gy_i^B) - N_{Gi}^B\, a^l\, A_c \; \text{für } i = 1, \dots, n \qquad (2.1.5)$$

Die Gleichungen (2.1.4) und (2.1.5) zeigen die jeweiligen Komponentenbilanzen in ihrer differentiellen Form. Sie können in dieser Form zur Beschreibung eines Kontinuums (z.B. Packungskolonnen) hinzugezogen werden. Bei Anlagen mit diskreten Elementen (z.B. Bodenkolonnen) wandeln sich die differentiellen Terme in finite Differenzen um. Die Bilanzen werden somit zu algebraischen Gleichungen reduziert.

Für die Kernphasenbilanzen wird die Summationsbedingung für die Molenbrüche ergänzend hinzugezogen (Gl. (2.1.6) und (2.1.7)).

$$\sum_{i=1}^{n} x_i^B = 1 \qquad (2.1.6)$$

$$\sum_{i=1}^{n} y_i^B = 1 \qquad (2.1.7)$$

Der volumetrische Hold-up $\phi_L$ (siehe (2.2.11)) ist eine Funktion der Gas- und Flüssigkeitsbelastungen innerhalb der Kolonne. Ermittelt wird er durch entsprechende Korrelationen. Für das Modell dieser Arbeit wird die Korrelation nach (Billet & Schultes, 1999) verwendet (siehe Abschnitt 2.2.4).

Neben den Komponentenbilanzen müssen ebenfalls differentielle Energiebilanzen zur vollständigen Beschreibung des Modells formuliert werden. Hierzu wird das Produkt aus flüssigem molarem Hold-up und spezifischer Enthalpie betrachtet. Für

---

[21] (Kenig & Górak, 1995)

15

kontinuierliche Systeme können in Analogie zu den jeweiligen Komponentenbilanzen die Gl. (2.1.8) und (2.1.9) definiert werden.

$$0 = -\frac{d}{dl}(Lh_L^B) + (Q_L^B \, a^I - R_L^B \, \phi_L \, \Delta H_{RL}^0) \, A_c \quad\quad (2.1.8)$$

$$0 = \frac{d}{dl}(Gh_G^B) - Q_G^B \, a^I \, A_c \quad\quad (2.1.9)$$

Für die Modellierung dynamischer Prozesse ergeben sich die Gl. (2.1.4) und (2.1.5) sowie Gl. (2.1.8) und (2.1.9) zu partiellen Differentialgleichungen, welche die Ableitung des Hold-up nach der Zeit enthalten.[22]

### 2.1.3.2 Kopplung von Stofftransport und Reaktionen im flüssigen Film

Über den Stofftransport in den entsprechenden Filmzonen lassen sich die Komponentenflüsse $N_i^B$ mittels (2.1.4) und (2.1.5) beschreiben. Da die Annahme eines eindimensionalen, zur Phasengrenzfläche normalen Stoffübergangs besteht, ergeben sich differentielle Komponentenbilanzen. Hierbei müssen die Phänomene des Stofftransports mit simultan ablaufenden Reaktionen im Film berücksichtigt werden.[23]

$$\frac{dN_{Li}}{dz} - R_{Li} = 0 \quad\quad f\ddot{u}r \; i = 1, \dots, n \quad\quad (2.1.10)$$

Um die Gl. (2.1.10), welche eine einfache Komponentenbilanz mit Berücksichtigung des Reaktionsquellterms darstellt, mit Prozessvariablen in Verbindung zu bringen, werden weitere Beziehungen benötigt. Hierbei spricht man von sogenannten *constitutive relations*.[24] Hierzu werden die Gesetze der Mehrkomponentendiffusion (siehe (2.1.2) und (2.1.3)) zur Beschreibung der Komponentenflüsse $N_i$ herangezogen, zur Beschreibung der Quellterme $R_i$ die Reaktionskinetiken. Letztere sind hierbei vor allem eine Funktion des Reaktionsmechanismus und stellen i.d.R. nichtlineare Funktionen der Zusammensetzung der jeweiligen Phase und Temperatur dar.[25]

---

[22] (Kenig, et al., 2002)

[23] (Kenig, et al., 2002)

[24] (Taylor & Krishna, 1993)

[25] (Westerterp, et al., 1984)

Am Beispiel der flüssigen Phase lässt sich verdeutlichen, wie Randbedingungen (RB) genutzt werden können, um die Gleichung (2.1.10) zu vervollständigen.

$$x_i(z = 0) = x_i^l \quad und \quad x_i(z = \delta_L) = x_i^B \quad für\ i = 1, \dots, n \qquad (2.1.11)$$

Die RB leiten sich aus den Annahmen zur Filmtheorie her und sind demnach im Modell zulässig. Hierbei wird die Zusammensetzung an den beiden jeweiligen Filmgrenzen definiert.[26]

Die Gl. (2.1.10) in Kombination mit Gl. (2.1.11) führt zu einem Grenzwertproblem in vektorieller Form. Die Konzentrationsprofile lassen sich in Abhängigkeit von der Filmortskoordinate bestimmen. Unter Berücksichtigung der Modellgleichungen können über die Profile die Komponentenflüsse ermittelt werden.[27]

Die Grenzwerte für Gl. (2.1.10), welche die Zusammensetzung (siehe (2.1.11)) beschreiben, sind externen Ursprungs. Eine kompakte analytische Lösung dieser Gl. und der Gl. (2.1.11) in Matrixschreibweise lässt sich nur erzielen, indem weitere Annahmen bezüglich der Diffusion und der Reaktionsquellterme getroffen werden.[28] Ist dies nicht zulässig oder möglich, müssen die Grenzwerte aus der Lösung des Gesamtgleichungssystems bestimmt werden. Hierbei werden die Werte der Kernphasen beider Phasen aus den Komponentenbilanzen (2.1.4) und (2.1.5) abgeleitet. Um eine Beziehung zwischen der Flüssigphasenzusammensetzung $x_i^l$ mit der Gasphasen-zusammensetzung $y_i^l$, jeweils an der Phasengrenzfläche, herzuleiten, wird eine thermodynamische Gleichgewichtsbeziehung hergestellt. Zudem kann diese mit der Kontinuitätsgleichung für die molaren Flüsse, die durch die Grenzfläche treten, verknüpft werden.[29]

$$y_i^l = K_i\, x_i^l \qquad (2.1.12)$$

---

[26] (Kenig, et al., 2002)

[27] (Kenig, et al., 2002)

[28] (Kenig, 2000)

[29] (Kenig, et al., 1997)

Die molaren Flüsse an der Phasengrenzfläche variieren zu denen an der Grenze zwischen Film und Kernphase, da chemische Umwandlungen simultan zum Stofftransport ablaufen. Das Gleichungssystem des Modells lässt sich vervollständigen, indem die Kontinuitätsbeziehungen für die Massen- und Energieflüsse an der Phasengrenzfläche implementiert werden. Zudem müssen die erforderlichen Übergangsbeziehungen zwischen Kern- und Filmregion für beide Phasen definiert sein.[30]

Zu der analytischen und numerischen Lösungsmethode der Gleichungen zur Kopplung von Stofftransport und Reaktion sollen im nachfolgenden Abschnitt 2.1.4 einige Erläuterungen angegeben werden.

### 2.1.4    Prozesssimulator

In den letzten Jahren und Jahrzehnten hat sich eine Vielzahl von kommerziell verfügbaren Prozesssimulatoren auf dem Markt etabliert. Parallel hierzu laufen immer wieder Bestrebungen von Firmen (*in-house*) und Privatpersonen, die Vorteile dieser Software zu adaptieren und in eine eigens gewählte und vertraute Programmierumgebung einzubetten.

Insbesondere die Reaktivabsorption ist in einer Vielzahl an Prozesssimulatoren erprobt worden. Bei den kommerziell verfügbaren sei hier Aspen Plus® (RateSep), Aspen HYSYS®, ProTreat™, ProMax oder auch gProms (vergleichbar mit ACM - eigene Programmiersprache) genannt. Für die *in-house* Varianten lassen sich Chemasim (BASF) und CO2SIM (SINTEF/NTNU) nennen.[31]

Der wohl entscheidende Vorteil der genannten kommerziellen Prozesssimulatoren ist, dass u.a. der Zugriff auf eine Vielzahl an Stoffdaten, kinetischer Größen, unterschiedliche Kolonnentypen mit verschiedenen Kolonneneinbauten, thermodynamischen Modellen

---

[30] (Kenig, 2000)

[31] (Kale, et al., 2011)

und empirisch basierten Stofftransport Korrelationen ermöglicht ist. Durch einfache Befehle oder Verknüpfungen lässt sich auf all diese Werte simpel zugreifen.

Dieser Aspekt birgt jedoch auch das größte Risiko für den Nutzer. Da die Einbindung der genannten Größen sehr einfach umzusetzen und direkt verfügbar ist, entfällt häufig das kritische Hinterfragen bei dem Anwender. Hierbei können Gleichungen zum einen fehlerbehaftet oder veraltet, zum anderen aber auch für den zu betrachtenden Anwendungsfall ungeeignet sein. Oft laufen die Berechnungen im Hintergrund, sodass dem Nutzer die Möglichkeit verweigert wird, die explizit ablaufenden Prozesse und Berechnungen zu hinterfragen und überprüfen. Dies wird in den häufigsten Fällen gemacht, um zum einen die Expertise bei den Simulationstools nicht preiszugeben, auf der anderen Seite eine anwenderfreundliche Bedienung mit einem übersichtlichen User-Software-Interface, jedoch auf Kosten der Transparenz, zu ermöglichen. Zudem wird in der Regel dem Nutzer die Anpassung von Korrelationen und weiteren Berechnungen verweigert. Somit wird die Implementierung von neueren und anwendungsbezogen geeigneteren Korrelationen nicht ermöglicht. Insbesondere die Anpassung der Korrelationen an die gegebenen Bedingungen und die Erweiterung dieser auf noch nicht erprobte Bedingungen ist eines der wesentlichen Kriterien, die die Modellbetrachtung von realen Prozessen in einer Simulationsumgebung, z.B. zur Untersuchung von scale-up Problematiken, interessant machen.

Aus den genannten Gründen wird in dieser Arbeit das Modell in die Simulationsumgebung Aspen Custom Modeler® implementiert. Diese besitzt eine Schnittstelle zu Aspen Properties®, sodass die Vorteile der anderen kommerziell angebotenen Tools auch hier gegeben sind. Insbesondere zur Berechnung der thermodynamischen und physikalischen Stoffgrößen ist diese Schnittstelle von elementarer Bedeutung. Des Weiteren bieten ACM dem Nutzer vollständige Transparenz aller ablaufenden Berechnungen und Prozesse, da die Implementierung aller Variablen und sonstiger genutzter Größen eigenständig vorgenommen werden muss. Auch die Berechnungsmethoden sowie die zu nutzenden Korrelationen müssen sorgfältig ausgewählt und eingebunden werden.

Diverse Nicht-Idealitäten, wie dies bei der Betrachtung von Fluiden der Fall ist, sollen berücksichtigt werden. In diesem Modell werden die Nicht-Idealitäten der flüssigen

Phase durch das Electrolyte-NRTL-Modell betrachtet, für die gasförmige Phase die Zustandsgleichung nach Redlich-Kwong. Eine Übersicht weiterer, in dieser Arbeit genutzter thermodynamischer Größen und deren Berechnungsmethoden lässt sich gemäß Aspen Properties® der Tabelle 1 entnehmen.

Tabelle 1: Thermodynamische Eigenschaften und die entsprechenden Berechnungsmethoden.

| Berechnete Größe | Modell |
|---|---|
| Enthalpien – gas/flüssig | Redlich-Kwong / Watson, DIPPR |
| Dyn. Viskositäten – gas/flüssig | Chapman-Enskog-Brokaw / Andrade, |
| Molares Volumen – gas/flüssig | Soave-Redlich-Kwong / Rackett |
| Therm. Leitfähigkeit – gas/flüssig | Stiel-Thodos / Sato-Riedel, DIPPR |
| Oberflächenspannung | Hakim-Steinberg-Stiel, DIPPR |
| Diffusionskoeffizienten – gas/flüssig | Chapman-Enskog / Wilke-Chang |

Die Simulationssoftware ACM ermöglicht dem Nutzer ebenfalls, das Gesamtmodell in einzelne Modelle und Submodelle zu untergliedern. Durch diesen Aspekt wird die Komplexität des Modells gebrochen und durch viele kleine miteinander verknüpfte Schritte transparenter. In jedem dieser Submodelle können nun die gewünschten Berechnungen wie z.B. die des Wärme- und Stofftransportes vorgenommen werden, wobei auf physikalische, chemische oder auch hydrodynamische Parameter gemeinsam zugegriffen werden kann. Durch das Hinzu- oder Abschalten einzelner Berechnungsmethoden für den Stoff- und Wärmetransport lassen sich somit zum einen einfache Fick'sche Diffusion oder auch komplexere Nernst-Planck Diffusion betrachten, zum anderen beispielsweise adiabate oder auch nicht-adiabate Prozesse.

Als ein letzter genannter, wichtiger Aspekt ermöglicht die Simulationssoftware ACM das Lösen komplexer partieller Differentialgleichungen sowie vereinfachter algebraischer Gleichungen. Hierzu stehen unterschiedliche implizite und explizite Methoden als Ansätze zur Lösung der entsprechenden partiellen (häufig: Zeit-abhängigen) Gleichungen zur Verfügung (z.B.: Implicit Euler, Explicit Euler). Zur numerischen Lösung von Anfangswertproblemen (Gewöhnliche DGLs) sind ebenfalls Verfahren wie das

Runge-Kutta(4)-Verfahren verfügbar. Als Standardverfahren zur numerischen Lösung von nichtlinearen Gleichungen und Gleichungssystemen ist in ACM ebenfalls das Newton-Verfahren implementiert. Die Vorgabe von zulässigen Toleranzen ist hierbei ein elementarer Schritt, der vom Nutzer getätigt werden muss.

## 2.2 Modellparameter

Die Simulation auf Basis des rate-based Modells ist stark abhängig von der Qualität der genutzten Modellparameter. Aus diesem Grund ist es sehr wichtig, die Güte der Modellparameter laufend zu hinterfragen und falls möglich anzupassen. Mit einer zunehmenden Modellierungstiefe muss daher auch die Qualität der genutzten Modellparameter steigen. Dieses lässt sich jedoch nur durch einen erhöhten experimentellen Aufwand und einer detaillierteren theoretischen Beschreibung realisieren, sodass hierdurch ein erhöhter Zeitaufwand betrieben werden muss.

### 2.2.1 Thermodynamische Gleichgewichte

Für die Reaktivabsorption ist die Betrachtung wässriger Systeme, die sowohl molekulare als auch elektrolytische Komponenten enthalten, elementar wichtig. Hierbei treten mitunter erhebliche Abweichungen vom idealen Verhalten auf. Der Ursprung der elektrolytischen Komponenten kann durch die Dissoziationsprodukte gelöster Moleküle und die Reaktionsprodukte absorbierter Gase begründet werden.[32]

Als Berechnungsgrundlage solcher Systeme haben sich für die Gas/Flüssigkeits-gleichgewichte vor allem zwei Methoden etabliert. Zum einen kann das *Electrolyte-NRTL-Modell* (siehe auch: (Chen, et al., 1982), (Chen & Evans, 1986), (Mock & Evans, 1984), (Mock, et al., 1986)) und zum anderen das *Pitzer-Modell* (siehe auch: (Pitzer & Mayorga, 1973), (Pitzer, 1973)) genannt werden.

Der Vorteil des Electrolyte-NRTL-Modells ist es, dass es die Aktivitätskoeffizienten für elektrolytische und molekulare Spezies sowohl in wässrigen als auch in gemischten

---

[32] (Kenig, et al., 2002)

21

Lösungsmitteln berechnen kann.[33] Zur Berechnung werden binäre Wechselwirkungs-parameter der Spezies benötigt. Eine Reduzierung auf die gewöhnlichen *NRTL-Gleichungen* (siehe auch: (Reid, et al., 1987)) tritt auf, wenn die Konzentration der elektrolytischen Spezies in der Flüssigphase gegen Null strebt.

Ein Ausdruck für die Gibbs'sche Exzessenergie wird analog zu den gewöhnlichen NRTL-Gleichungen abgeleitet. Hierbei wird der Ausdruck durch Aktivitätskoeffizienten bei unendlicher Verdünnung, dem Pitzer-Debye-Hückel-Term und der Born-Gleichung, angepasst. Ersteres berücksichtig die lokalen Wechselwirkungen, zweites beschreibt die weitreichenden Ion-Ion-Wechselwirkungen. Die Born-Gleichung bezieht die Gibbs'sche Energie der ionischen Spezies von dem Zustand unendlicher Verdünnung bei gemischten Lösungsmitteln auf einen ähnlichen Zustand in wässrigen Lösungen (siehe: (Chen & Evans, 1986) und (Mock, et al., 1986)). Um das Electrolyte-NRTL-Modell auch bei der Reaktivabsorption nutzen zu können, ist eine Erweiterung auf Mehrkomponentensysteme unverzichtbar. Hierbei werden Modellparameter wie Reinstoff-Dielektrizitätskonstanten für nichtwässrige Lösungsmittel, Bornradien der ionischen Komponenten sowie binäre NRTL-Wechselwirkungsparameter (molekular-molekular, molekular-elektrolytisch und elektrolytisch-elektrolytisch) benötigt.[34]

Das Pitzer-Modell, welches eine Weiterentwicklung des Modells von *GUGGENHEIM*[35] darstellt, kann ausschließlich auf wässrige Lösungsmittel angewandt werden. Der Gültigkeitsbereich kann für Elektrolytlösungen bis zu einer Ionenstärke von bis zu 6 mol/kg angegeben werden.[36] Den theoretischen Hintergrund des Pitzer-Modells liefert die auf dem Hartkugel-Modell basierende Debye-Hückel-Theorie. Diesem liegt ein genereller Ausdruck für die Gibbs'sche Energie zugrunde. Ein elektrostatischer Term, welcher die Hartkugelwechselwirkungen berücksichtigt, ein weiterer Term für Kräfte

---

[33] (Kenig, et al., 2002)

[34] (Kenig, et al., 2002)

[35] (Guggenheim & Turgeon, 1955)

[36] (Horvath, 1985)

von kurzer Reichweite zwischen zwei Komponenten und ein dritter Term für ternäre Wechselwirkungen sind in dem Modell enthalten.[37]

Wie bei dem Electrolyte-NRTL-Modell werden auch bei dem Pitzer-Modell unterschiedliche Modellparameter benötigt. Diese sind im Gegensatz zum erst genannten jedoch lediglich auf reine Wechselwirkungsparameter beschränkt. Auch hier werden die binären Wechselwirkungsparameter (molekular-molekular, molekular-elektrolytisch und elektrolytisch-elektrolytisch) benötigt. Zudem werden ternäre Parameter zwischen zwei Kationen und einem Anion sowie zwischen zwei Anionen und einem Kation berücksichtigt. Um einen Gültigkeitsbereich auch für hohe Elektrolytkonzentrationen abzubilden, sind die ursprünglichen Pitzer-Gleichungen (siehe: (Counce & Perona, 1986), (Edwards, et al., 1978)) modifiziert (siehe: (Pitzer & Mayorga, 1973), (Pitzer & Kim, 1974)) und weiterentwickelt (siehe: (Edwards, et al., 1978)) worden.

Für die Löslichkeit von Gasen wird der entsprechende Henry-Koeffizient hinzugezogen. Dieser stellt eine Proportionalität zwischen der Konzentration des physikalisch gelösten Gases in der Flüssigphase und dem dazugehörigen Partialdruck in der Gasphase her. Da bei der reaktiven Absorption ebenfalls auftretende Reaktionen mitberücksichtigt werden müssen, verkompliziert sich die Bestimmung dieser Parameter. Aus diesem Grund wird häufig eine Prädiktion der Größen aus chemisch inerten Systemen vorgenommen. Hierbei wird die Proportionalität von Henry-Koeffizienten ähnlicher, chemisch inerter Spezies benutzt, um die Löslichkeitseigenschaften von reaktiven Komponenten abzuschätzen. Als Beispiel für das in dieser Arbeit zu betrachtende $CO_2$-System kann die $N_2O$-Analogie zur Ermittlung der $CO_2$-Gaslöslichkeit in Aminlösungen angeführt werden.[38]

Die Nicht-Idealitäten sowohl der Gasphase als auch der flüssigen elektrolythaltigen Phase müssen für die Berechnung des Phasengleichgewichts berücksichtigt werden. Für die Gasphase kann hierbei der Henry-Koeffizient mit einem Korrekturterm angepasst werden. Dieser Term enthält die Ionenstärke sowie einen weiteren Parameter, in den

---

[37] (Kenig, et al., 2002)

[38] (Versteeg, et al., 1996)

sämtliche Beiträge der elektrolytischen Spezies des Absorbens und der gasförmigen Komponenten einbezogen werden.[39] Ebenfalls besteht die Möglichkeit, Aktivitäts- und Fugazitätskoeffizienten anstelle der Konzentrationen im flüssigen Absorbens und der Partialdrücke in der Gasphase zu verwenden. Diese Berechnungsmethode hängt stark von der Bestimmung der Aktivitätskoeffizienten in der Flüssigphase sowie des Beschreibungsansatzes der Gasphase ab. Für letzteres werden i.d.R. Zustandsgleichungen hinzugezogen. Als weit verbreitet können an dieser Stelle exemplarisch die Gleichungen nach *SOAVE-REDLICH-KWONG* sowie nach *PENG-ROBINSON* genannt werden (siehe auch: (Reid, et al., 1987)). Alternativ können Zustandsgleichungen verwendet werden, die sowohl für die flüssige als auch für die gasförmige Phase Gültigkeit besitzen.[40]

### 2.2.2 Chemische Gleichgewichte

Für die zu betrachteten chemischen Reaktionen bei der Reaktivabsorption muss die Berücksichtigung des chemischen Gleichgewichtes vorgenommen werden. Nach Definition entspricht das chemische Gleichgewicht hierbei dem Minimum der Gibbs'schen Enthalpie (auch: freie Gibbs'sche Energie).[41] Für wichtige Informationen wie die Gleichgewichtszusammensetzung oder auch die Richtung der ablaufenden Reaktionen können Prädiktionen aus der Abhängigkeit der freien Gibbs'schen Energie von dem Reaktionsverlauf vorgenommen werden.

$$\nu_A A + \nu_B B + \cdots \rightarrow \nu_P P + \nu_Q Q + \cdots \qquad (2.2.1)$$

Als Parameter zur Beschreibung des chemischen Gleichgewichtes hat sich die Gleichgewichtskonstante $K^{eq}$ ergeben. Hierbei kann für eine Reaktion gemäß (2.2.1) die Gleichgewichtskonstante gemäß (2.2.2) definiert werden.[42]

---

[39] (Danckwerts, 1970)

[40] (Kuranov, et al., 1997)

[41] (Baerns, et al., 2013), S.50

[42] (Westerterp, et al., 1984)

$$K^{eq} = \frac{a_P{}^{\nu_P}\, a_Q{}^{\nu_Q}}{a_A{}^{\nu_A}\, a_B{}^{\nu_B}} \tag{2.2.2}$$

Gl. (2.2.2) bezieht sich hierbei mit den jeweiligen Aktivitäten $a_i$ auf die Reaktionen in flüssiger Phase. Für Prozesse, bei denen ebenfalls Gasphasenreaktionen ablaufen, werden diese durch die entsprechenden Partialdrücke $p_i$ der Edukte und Produkte ersetzt. Müssen zusätzlich Nicht-Idealitäten für die Gase berücksichtigt werden, sind die Fugazitäten $f_i$ zu verwenden.[43]

Ein weiteres wichtiges Merkmal ist die Abhängigkeit der Gleichgewichtskonstanten $K^{eq}$ von Prozessgrößen wie der Temperatur. Hierbei haben sich Beziehungen ergeben, die zur Beschreibung hinzugezogen werden können.

Für die Abhängig der $K^{eq}$ von der Temperatur kann die van`t Hoffsche Reaktionsisobare[44] gemäß (2.2.3) hinzugezogen werden.

$$\frac{d\ln K^{eq}}{dT} = \frac{\Delta H_R^0}{\Re\, T^2} \tag{2.2.3}$$

Für die meisten chemischen Reaktionen, die bei der Reaktivabsorption ablaufen, gilt, dass Wärme freigesetzt wird. Es wird an dieser Stelle von exothermen Reaktionen gesprochen. Aus Gl. (2.2.3) folgt, dass die Gleichgewichtskonstante $K^{eq}$ mit steigender Temperatur abnimmt. Als negativer Aspekt hieraus resultiert, dass das chemische Gleichgewicht zu Lasten der Produkte verschoben wird.

Wie bereits in Abschnitt 2.2.1 erwähnt, treten aufgrund des wässrigen Milieus und der ablaufenden Flüssigphasenreaktionen eine Vielzahl an elektrolytischen Komponenten auf. Das Verhalten dieser elektrolytischen Lösungen ist durch komplexe Reaktionssysteme gekennzeichnet. Hierbei treten komplette Dissoziationsreaktionen von schwächeren Elektrolyten, partielle Dissoziationsreaktionen von ionischen Komponenten sowie die Bildung von Ionen aus molekularer Spezies auf.[45] Die genannten Reaktionen laufen i.d.R. sehr schnell ab und können als instantan bezeichnet

---

[43] (Hougen, et al., 1962)

[44] (Baerns, et al., 2013), S. 51

[45] (Kenig, et al., 2002)

werden. Es zeigt sich an dieser Stelle, welchen enormen Einfluss die exakte Beschreibung der Reaktionskinetik (siehe hierzu auch Kapitel 2.2.5) sowie der Gleichgewichtskonstanten besitzt. Zur Implementierung in das Modell können konzentrations- oder aktivitätsbezogene Gleichgewichtskonstanten als Funktion der Temperatur aus der Literatur entnommen werden.[46] Für die Reaktionssysteme MEA-$CO_2$ und AMP-$CO_2$, jeweils in wässrigem Milieu, können temperaturabhängige Berechnungsmethoden für $K^{eq}$ mit den entsprechenden, benötigten Koeffizienten der Schnittstelle Aspen Properties® entnommen werden.

Hierzu ergibt sich $K^{eq}$ als Funktion der Temperatur und des Druckes gemäß (2.2.4).[47]

$$\ln(K^{eq}) = A + \frac{B}{T} + C * \ln(T) + D * T + E * \frac{P - P_{ref}}{P_{ref}} \qquad (2.2.4)$$

Im Zuge dieser Arbeit werden die ersten vier Glieder (A, B, C und D) zur Beschreibung von $K^{eq}$ genutzt, sodass die Druckabhängigkeit (E-Glied) der hier zu betrachtenden Flüssigphasenreaktionen vernachlässigt werden kann.

### 2.2.3   Physikalische Stoffdaten

Für die Berechnung von physikalischen Stoffdaten kann auf Aspen Poperties® zurückgegriffen werden. In Kapitel 2.1.4 ist in Tabelle 1 bereits eine Übersicht über die genutzten Berechnungsmethoden gegeben worden. Im Folgenden sollen nun einige kurze Erläuterungen angefügt werden, um ein besseres Verständnis für die jeweiligen berechneten, meist thermodynamischen Größen zu erhalten.

Zunächst sollen die Berechnungsmethoden für die *Diffusionskoeffizienten*, welche in den Modellen genutzt werden, betrachtet werden. Hierbei gilt im i.A., dass die Diffusionskoeffizienten stark von der Viskosität und den Dichten bzw. den molaren Volumina abhängig sind. Auch weitere Stoffgrößen wie die Oberflächenspannung sind zur Berechnung von Mischungsstoffdaten und Stoffübergangskorrelationen wichtige

---

[46] (Hougen, et al., 1962)

[47] siehe Aspen Properties®

26

Größen. Hieraus ergibt sich die Notwendigkeit, die genutzten Stoffdaten möglichst präzise durch unterschiedliche Berechnungsmethoden zu beschreiben.[48]

Da für die Betrachtung der Mehrkomponentendiffusion die Stefan-Maxwell'schen sowie die effektiven Diffusionskoeffizienten benötigt werden, müssen zunächst binäre Fick'sche Diffusivitäten ermittelt werden.

Bei geringen Drücken wird für die Gasphase das Modell nach *WILKE-LEE*[49] verwendet. In der Literatur werden bei Nutzung der Berechnungsmethode maximale Abweichungen von 10-20 % berichtet.[50] Für die Diffusionskoeffizienten bei moderaten Drücken wird die Methode nach *CHAPMAN-ENSKOG*[51] in den zu betrachtenden Modellen genutzt, welche auf dem Ansatz des Lennard-Jones (6-12) Potentials basiert.[52]

Für die Flüssigphase kann i.A. festgehalten werden, dass die Diffusionskoeffizienten für die vorliegenden Spezies um Größenordnungen kleiner sind als die der Gase. Ausschlaggebend für diesen genannten Aspekt ist die dichtere Packung der Moleküle in Flüssigkeiten, die zu verstärkten Wechselwirkungen der Moleküle untereinander führt. Ein theoretischer Ansatz, welcher den Diffusionsprozess beleuchtet, führt zu der *Stokes-Einstein-Beziehung*[53]. Als eine anwendungsorientierte Berechnungsmethode für die effektiven Diffusionskoeffizienten molekularer Spezies in der Flüssigphase wird die Methode nach *WILKE-CHANG* verwendet. Diese stellt eine empirische Modifikation der Stokes-Einstein-Beziehung dar, wobei der mittlere Fehler in der Literatur mit rund 10% angegeben werden kann.[54] Als Annahme wird bei der Methode getätigt, dass die diffundierenden Moleküle in unendlicher Verdünnung vorliegen und somit keine Wechselwirkungen der Moleküle gleicher Spezies untereinander auftreten bzw.

---

[48] (Kenig, et al., 2002)

[49] (Reid, et al., 1987)

[50] (Reid, et al., 1987)

[51] Aspen Properties®

[52] (Cussler, 2009)

[53] (Horvath, 1985)

[54] (Wilke & Chang, 1955)

27

berücksichtigt werden müssen. Als Gültigkeitsbereich kann für ingenieurtechnische Anwendungen eine Konzentration von bis zu 10 Mol-% angegeben werden.

Für die elektrolytischen Spezies, welche bei der Reaktivabsorption vermehrt auftreten, muss die Berechnung der entsprechenden Diffusionskoeffizienten vorgenommen werden. Hierbei ist darauf zu achten, dass die Berechnungsmethoden für diese Komponenten speziell entwickelt und angepasst worden sind. Die effektiven Diffusionskoeffizienten werden für elektrolytische Komponenten im Falle verdünnter Lösungen mit der *Nernst-Hartley-Gleichung*[55] bestimmt. Die Annahme einer verdünnten Lösung darf hierbei getätigt werden, da bei der Reaktivabsorption die Konzentrationen an Elektrolyten in Lösung i.d.R. gering sind.

Um die binären Diffusionskoeffizienten für die Gasphase auf effektive Diffusionskoeffizienten für Mehrkomponentensysteme zu erweitern, wird ein weiterer Ansatz benötigt. Dieser Ansatz wird durch die Methode nach *WILKE*[56] bzw. in erweiterter Form nach *WILKE-LEE*[57] geliefert. Genau genommen ist erst genannte Gleichung jedoch nur für den einseitigen Fall der Diffusion hergeleitet worden, sodass die Nutzung dieser Gleichung eigentlich auf diesen Sonderfall begrenzt ist. Für binäre Diffusionskoeffizienten bei unendlicher Verdünnung wird nach dem Satz von *VIGNES*[58] eine Umrechnung in Stefan-Maxwell-Diffusions-koeffizienten in den Modellen vorgenommen.

Wie bereits oben erwähnt, hat die *Viskosität* einen enormen Einfluss auf das Modell. Für die Viskosität von elektrolythaltigen Mischungen kann der Berechnungsansatz nach *ANDRADE*[59] in Verbindung mit der Elektrolytkorrektur nach *JONES-DOLE*[60] genutzt werden. Als Modellparameter werden die Ionenbeweglichkeit und die Ionenleitfähigkeit

---

[55] (Horvath, 1985)

[56] (Wilke, 1950)

[57] (Wilke & Lee, 1955)

[58] (Vignes, 1966)

[59] (Reid, et al., 1987)

[60] (Horvath, 1985)

28

benötigt. Hierzu müssen zunächst nach der drei-parametrigen Andrade-Gleichung die Reinstoffviskositäten der molekularen Spezies bestimmt werden. Über eine Mischungsregel kann auf die Mischungsviskosität der flüssigen elektrolytfreien Phase geschlossen werden. Mittels der Elektrolytkorrektur nach Jones-Dole wird dann eine Umrechnung in die Viskosität der Flüssigphase vorgenommen. Hiernach stehen die oben gewünschten Parameter dem Modell zur Verfügung.[61] Für die gasförmige Phase kann der Ansatz nach *CHAPMAN-ENSKOG-BROKAW*[62] hinzugezogen werden, um die Viskosität der Gasphase in einem Mehrkomponentensystem zu beschreiben.

Zur Bestimmung der *molaren Volumina* der molekularen Spezies in der Flüssigphase wird die *Rackett-Gleichung*[63] angewandt. Hierbei werden die kritische Temperatur, Druck und Volumen sowie weitere Anpassungsparameter als Berechnungsgrößen benötigt. Mittels der zwei-parametrigen Gleichung von *CLARKE*[64] kann die Berechnung molarer Volumina von elektrolytischen Spezies erfolgen.[65]

Zur Berechnung von Stoffübergangskoeffizienten sowie effektiven Phasengrenzflächen (siehe Abschnitt 2.2.4) wird die *Oberflächenspannung* benötigt. Hierzu hat sich, je nach Verfügbarkeit der benötigten Parameter, zum einen für molekulare Spezies der Ansatz nach *HAKIM-STEINBERG-STIEL*, zum anderen die komplexere Berechnungsmethode nach *DIPPR* ergeben.[66] Um die Korrektur der durch die Mischungsregel erhaltenen Mischungsoberflächenspannung auf die elektrolytischen Komponenten vorzunehmen, kann die Methode nach *ONSAGER* und *SAMARAS*[67] herangezogen werden. Zur Berechnung mittels dieser Methode werden die Dielektrizitätskonstante der Mischung sowie das molare Volumen der Elektrolyte benötigt. Sie kann insgesamt als additiver

---

[61] (Kenig, et al., 2002)

[62] (Gani & Jorgensen, 2001)

[63] (Rackett, 1970)

[64] (Aspen Technology Inc., 2000)

[65] (Kenig, et al., 2002)

[66] (Aspen Technology Inc., 2000)

[67] (Horvath, 1985)

Term zu der sich aus den molekularen Komponenten ergebenden Oberflächenspannung gesehen werden.[68]


## 2.2.4 Stofftransport- und fluiddynamische Eigenschaften

Für das Zweifilmmodell ist die *flüssig- und gasseitige Filmdicke* ein entscheidender Modellparameter. Hierbei spielen die Stoffeigenschaften wie beispielsweise die Oberflächenspannung, Diffusivitäten oder auch Viskositäten eine wesentliche Rolle. Auch die Strömungszustände in der Kolonne, die wiederum stark abhängig von den Kolonneneinbauten sind, besitzen einen großen Einfluss.

Ebenfalls für den wichtigen Modellparameter der *effektiven Stoffaustauschfläche* (2.2.10) gilt entsprechendes. Diese ist im erheblichen Maße von der geometrischen Oberfläche abhängig und kann somit durch unterschiedlich genutzte Einbautentypen variieren. Als Beispiel sei an dieser Stelle eine einfache Füllkörperkolonne, wie z.B. mit Ringen oder Sätteln, genannt. Bei moderaten Berieselungsdichten kann nicht die gesamte zur Verfügung stehende Oberfläche benetzt werden, sodass die effektive Stoffaustauschfläche kleiner als die gesamte geometrische Oberfläche ist.

Zur Bestimmung der genannten und auch vieler weiterer Modellparameter werden i.A. Korrelationen hinzugezogen, die i.d.R. empirischen Ursprung besitzen. Entscheidend bei der Nutzung von Korrelationen ist es hierbei, die Gültigkeitsbereiche, in denen sie entwickelt worden sind, einzuhalten. Nur innerhalb dieser Grenzen ist die Korrektheit der ermittelten Größen gewährleistet. Mit Hilfe von Korrelationen ist es zudem möglich, ein scale-up (oder scale-down) auf unterschiedliche Betriebszustände vorzunehmen. Viele der Korrelationen nutzen sogenannte *dimensionslose Kennzahlen*. So lassen sich beispielsweise die flüssigkeits- und gasseitigen Stoffübergangskoeffizienten durch die Sherwood-Zahl (Sh) in Abhängigkeit der Reynolds-Zahl (Re), die Schmidt-Zahl (Sc) und auch weiterer charakteristischen dimensionslosen Kennzahlen beschreiben.[69] Nach (Billet & Schultes, 1999) ergeben sich die Stoffübergangskoeffizienten gemäß der

---

[68] (Kenig, et al., 2002)

[69] (Sherwood & Pigford, 1952)

Korrelationen nach Gl. (2.2.5) sowie (2.2.7). Zur Berechnung der beiden Größen müssen Abhängigkeiten von der Dichte beider Phasen $\rho_L$ und $\rho_V$, die dynamischen Viskositäten $\eta_L$ und $\eta_V$, die Oberflächenspannung $\sigma_L$, die Lehrrohrgeschwindigkeiten beider Phasen $u_L$ und $u_V$, jeweils bezogen auf den Kolonnenquerschnitt, die spezifische Oberfläche $a$ der Packung und das Hohlraumvolumen $\varepsilon$ berücksichtigt werden. Zudem werden die empirisch ermittelten, packungsspezifischen Konstanten $C_L$ und $C_V$ benötigt. Für die Packung des Typs Mellapak 250Y ergeben sich die Konstanten zu $C_L = 1{,}332$ und $C_V = 0{,}419$ mit einem zu verwendenden Hohlraumvolumen von $\varepsilon = 0.970$.

$$k_L = \beta_L a_{Ph} = C_L 12^{1/6} \bar{u}_L^{1/2} \left(\frac{D_L}{d_h}\right)^{1/2} a \left(\frac{a_{Ph}}{a}\right) \qquad (2.2.5)$$

Die effektive Geschwindigkeit $\bar{u}_L$ der Flüssigphase in der Kolonne ergibt sich aus dem Verhältnis von Leerrohrgeschwindigkeit $u_L$ zum volumetrischen Hold-up der Flüssigphase $\phi_L$ (siehe Gl. (2.2.6)).

$$\bar{u}_L = \frac{u_L}{\phi_L} \qquad (2.2.6)$$

Für den gasseitigen Stoffübergangskoeffizient $k_V$ kann die Gl. (2.2.7) hinzugezogen werden.

$$k_V = \beta_V a_{Ph} = C_V \frac{1}{(\varepsilon - \phi_L)^{1/2}} \frac{a^{3/2}}{d_h^{1/2}} D_V \left(\frac{u_V}{a v_V}\right)^{3/4} \left(\frac{v_V}{D_V}\right)^{1/3} \left(\frac{a_{Ph}}{a}\right) \qquad (2.2.7)$$

Hierbei gilt für den Parameter $a_{Ph}$, welcher die spezifische Phasengrenzfläche beschreibt, nach (Billet & Schultes, 1999) der Zusammenhang gemäß Gl. (2.2.8).

$$\frac{a_{Ph}}{a} = 1.5 (a d_h)^{-0.5} \left(\frac{u_L d_h}{v_L}\right)^{-0.2} \left(\frac{u_L^2 \rho_L d_h}{\sigma_L}\right)^{0.75} \left(\frac{u_L^2}{g d_h}\right)^{-0.45} \qquad (2.2.8)$$

Der hydraulische Durchmesser in der Packung lässt sich durch Gl. (2.2.9) ermitteln.

$$d_h = 4 \frac{\varepsilon}{a} \qquad (2.2.9)$$

Zur Berechnung der bereits oben genannten effektiven Stoffaustauschfläche wird in dieser Arbeit jedoch die Korrelation nach (Tsai, et al., 2011) gemäß (2.2.10) verwendet. Zu den Gründen dieser Entscheidung sei an dieser Stelle auf das Kapitel 3.5.2 verwiesen.

$$\frac{a_e}{a_p} = 1.34 \left[\left(\frac{\rho_L}{\sigma}\right) g^{1/3} \left(\frac{Q}{L_p}\right)^{4/3}\right]^{0.116} \qquad (2.2.10)$$

Die Korrelation ist unter experimentellen Bedingungen bei spezifischer Fläche der Packung im Intervall von 125-500 m$^2$/m$^3$ für eine Flüssigbeladung von 2,5-75 m$^3$/(m$^2$h) ermittelt worden. Die Oberflächenspannung $\sigma$ (30-72 mN/m) hat einen wesentlichen Einfluss auf die effektive Stoffaustauschfläche, wohingegen die Gasgeschwindigkeit (0,6 -2,3 m/s), die Viskosität der Flüssigkeit $\eta_L$ (1-15 mPas) sowie die Anordnung der Kanäle in der Packung kaum Einfluss besitzen.[70]

Ebenfalls in dem Modell betrachtet und durch Korrelationen bestimmt ist der sogenannte *Hold-up* der Flüssigphase (2.2.11) in der Kolonne sowie der *Druckverlust* (2.2.14), welcher durch die Strömungswiderstände hervorgerufen wird. Beide Korrelationen sind dem Werk von (Billet & Schultes, 1999) entnommen worden.

Zur Berechnung des volumetrischen Hold-ups $\phi_L$ ist die Korrelation nach Gl. (2.2.11) angewendet worden.

$$\phi_L = \left(12\frac{1}{g}\frac{\eta_L}{\rho_L}u_La^2\right)^{1/3}\left(\frac{a_h}{a}\right)^{2/3} \tag{2.2.11}$$

Der flüssige Hold-up ist als Funktion der Flüssigbelastung, der hydraulischen Oberfläche $a_h$ sowie einiger Materialeigenschaften aufgeführt. Hierbei hat sich gezeigt, dass die hydraulische Oberfläche $a_h$ im Bereich kleiner Reynoldszahlen (Re) geringer zunimmt als im Bereich großer Re, sobald die Flüssigbelastung steigt (siehe (2.2.12) und (2.2.13)).

$$Re_L = \frac{u_L\rho_L}{a\eta_L} < 5: \frac{a_h}{a} = C_h\left(\frac{u_L\rho_L}{a\eta_L}\right)^{0.15}\left(\frac{u_L^2a}{g}\right)^{0.1} \tag{2.2.12}$$

$$Re_L = \frac{u_L\rho_L}{a\eta_L} \geq 5: \frac{a_h}{a} = C_h0.85\left(\frac{u_L\rho_L}{a\eta_L}\right)^{0.25}\left(\frac{u_L^2a}{g}\right)^{0.1} \tag{2.2.13}$$

Zur Berechnung wie die empirisch ermittelte Konstante $C_h$ benötigt, die sich für den Einbautentyp Mellapak 250Y zu $C_h = 0.554$ ergibt.

Für weitere Erläuterungen sowie die Berechnung des flüssigen Hold-ups oberhalb des Staupunktes der Kolonne sei an dieser Stelle auf (Billet & Schultes, 1999) verwiesen.

---

[70] (Tsai, et al., 2011)

Für den Druckverlust ist ebenfalls eine Korrelation aus (Billet & Schultes, 1999) herangezogen worden. Die Implementierung der Gl. (2.2.14) – (2.2.19) ist hierzu vorgenommen worden.

$$\frac{\Delta p_0}{H} = \Psi_0 \frac{a}{\varepsilon^3} \frac{F_V^2}{2} \frac{1}{K}$$ (2.2.14)

Der Druckverlust ist abhängig von der geometrischen Oberfläche a, dem Hohlraumvolumen ε, dem Gasbelastungsfaktor $F_V = u_V \sqrt{\rho_V}$ (2.2.15), welcher sich aus dem Produkt der Gasgeschwindigkeit $u_V$ mit der Quadratwurzel der Dichte des Gases $\rho_V$ ergibt, sowie dem K-Faktor. Dieser ergibt sich nach Gl. (2.2.16) und berücksichtigt das erhöhte Hohlraumvolumen der Kolonne in Wandnähe.

$$\frac{1}{K} = 1 + \frac{2}{3} \frac{1}{1-\varepsilon} \frac{d_p}{d_C}$$ (2.2.16)

Der Widerstandskoeffizient $\Psi_0$ gemäß Gl. (2.2.17) ist abhängig von einer packungsspezifischen Konstante $C_{P,0} = 0{,}292$ sowie der Reynoldszahl des Gases $Re_V$ (siehe Gl. (2.2.18)), welche wiederum vom Partikeldurchmesser (siehe Gl. (2.2.19)) abhängig ist. Gemäß der Kanal-Modellvorstellung, welche in (Billet & Schultes, 1999) verwendet worden ist, lässt sich der Partikeldurchmesser hierbei als packungsspezifische Größe interpretieren. Berechnen lässt sich dieser als Verhältnis von Volumen der Packung zu Gesamtoberfläche der Packung.

$$\Psi_0 = C_{P,0} \left( \frac{64}{Re_V} + \frac{1.8}{Re_V^{0.08}} \right)$$ (2.2.17)

$$Re_V = \frac{u_V d_p}{(1-\varepsilon) v_V} K$$ (2.2.18)

$$d_p = 6 \frac{1-\varepsilon}{a} = 6 \frac{V_P}{A_P}$$ (2.2.19)

In dem Fall des Reaktivabsorptionsprozesses von $CO_2$ ist der flüssigkeitsbezogene Hold-up für die in der Flüssigphase ablaufenden Reaktionen elementar wichtig. Der Druckverlust hat hierbei einen direkten Einfluss auf u.a. Phasengleichgewichte. Diese wirken sich ebenfalls wiederum auf den Hold-up aus. Auch hängen beide Größen von den Strömungszuständen, Einbautentypen und physikalischen Stoffdaten ab. Die genannten Aspekte zeigen, wie einzelne Parameter miteinander verknüpft sind und wie wichtig die hinreichend genaue Bestimmung dieser Parameter somit ist. Für den

33

Hold-up und den Druckverlust gilt in einigen speziellen Fällen sogar, dass diese so stark miteinander verknüpft sind, dass sie nicht direkt, separat berechenbar sind. Daher lassen sich in diesen Fällen beide Größen nur iterativ berechnen.[71]

Zur Betrachtung unterschiedlicher Belastungsbereiche können in den meisten Fällen unterschiedliche Korrelationen hinzugezogen werden. Eine Einteilung in einen Bereich unterhalb des Staupunktes und in einen Bereich zwischen Stau- und Flutpunkt hat sich etabliert (siehe auch (Billet & Schultes, 1999)).

Letztendlich ist die größte Herausforderung für den Anwender, geeignete Korrelationen für ein zu betrachtendes Anwendungsgebiet ausfindig zu machen und in das Modell zu implementieren. Hierbei spielen Erfahrungswerte des Anwenders in der Regel eine sehr große Rolle. Im besten Fall werden verschiedene Korrelationen, die für ein zu lösendes Problem anwendbar sind, miteinander verglichen und anhand experimenteller Daten untersucht. Es hat sich gezeigt, dass die Wahl der Korrelationen für ein Modell vorzugsweise aus einer gemeinsamen Quelle vorgenommen werden sollte, da diese anhand derselben Experimente validiert und unter Umständen stark miteinander verknüpft sind.

Die Korrelationen besitzen hierbei einen direkten Einfluss auf die erhaltenen Simulationsergebnisse. Als Beispiel seien an dieser Stelle axiale Konzentrations- oder auch Temperaturprofile zu nennen. Eine Auswahl an weiteren geeigneten Korrelationen hat sich nach (Kenig, et al., 2002) vor allem in (Onda, et al., 1968), (Kolev, 1976) sowie (Rocha, et al., 1996) gezeigt.

---

[71] (Billet & Schultes, 1999)

## 2.2.5 Reaktionskinetiken

In Kapitel 2.1 ist bereits erörtert worden, dass die Annahme des Erreichens eines Gleichgewichtzustandes oft nicht die Realität hinreichend genau abbildet. Trotz der Tatsache, dass bei der Reaktivabsorption viele der auftretenden Reaktionen schnell ablaufen, darf die Einstellung eines Gleichgewichtzustandes und somit die Annahme von instantanen Reaktionen nicht getätigt werden. Eine Berücksichtigung der Reaktionskinetik ist aus genannten Gründen daher unerlässlich.

Wird fälschlicher Weise die Annahme getroffen, dass alle Reaktionen als instantan angesehen werden können, zeigt sich für die Absorptionsrate von $CO_2$ ein zu hoher Wert und dementsprechend eine zu geringe Gasphasenkonzentration. Diese Tatsache würde sich direkt auf eine Unterdimensionierung der Kolonne auswirken.

Aus diesem Grund ist es entscheidend, die einzelnen Reaktionen des gesamten Reaktionssystems in kinetisch kontrollierte sowie instantan ablaufende Reaktionen zu unterteilen.

$$v_A A + v_B B \rightarrow v_P P + v_Q Q \qquad (2.2.20)$$

Für eine homogene, kinetisch kontrolliert ablaufende Reaktion vom Typ (2.2.20) lässt sich die Reaktionsgeschwindigkeit gemäß (2.2.21) darstellen.[72]

$$r = k_{hin} c_A{}^{v_A} c_B{}^{v_B} - k_{rück} c_P{}^{v_P} c_Q{}^{v_Q} \qquad (2.2.21)$$

Die Reaktionsgeschwindigkeitskonstante $k_{hin}$ für die Hinreaktion lässt sich über den Arrhenius-Ansatz gemäß (2.2.22) berechnen.[73]

$$k_{hin} = k_0 e^{-\frac{E_A}{\Re T}} \qquad (2.2.22)$$

Für die Rückreaktion $k_{rück}$ kann $K^{eq}$ zur Berechnung hinzugezogen werden.[74]

$$k_{rück} = \frac{k_{hin}}{K^{eq}} \qquad (2.2.23)$$

---

[72] (Baerns, et al., 2013), S. 81 f

[73] (Baerns, et al., 2013), S. 140

[74] (Baerns, et al., 2013)

Zur Vermessung kinetischer Parameter von Flüssigphasenreaktionen können experimentelle Untersuchungen hinzugezogen werden. Hierzu genutzt und unterschieden werden Apparate, in denen ein Phasenwechsel der gasförmigen Komponenten realisiert wird (*Laminarstrahlabsorber* (Cullen & Davidson, 1957), *Doppelrührzelle* (Laddha & Danckwerts, 1981) etc.) sowie Apparate, die ohne Phasenübergang der gasförmigen Komponenten arbeiten (*Rapid-Mixing-Methode* (Hikita, et al., 1977), *Stopped-Flow-Methode* (Barth, et al., 1986) etc.).[75] Für Erläuterungen zu den aufgezeigten Methoden sei auf die angegebenen Quellen sowie (Kenig, et al., 2002) verwiesen.

Für diese Arbeit sollen keine eigenständigen, experimentellen Versuchsdurchführungen zur Betrachtung der Reaktionskinetik vorgenommen werden. Für das MEA-$CO_2$-System sind bereits experimentelle Untersuchungen sowie diverse Literaturwerte, welche bereits ausgiebig diskutiert worden sind, verfügbar. Für das AMP-$CO_2$-System werden ebenfalls in der Literatur aufgezeigte Daten verwertet. In diesem Zuge sollen reaktionskinetische Parameter zweier unterschiedlicher Quellen nacheinander implementiert und miteinander verglichen werden (siehe Kapitel 3.2.2). Im Anschluss hieran wird einer der beiden Datensätze als Grundlage für die weiteren Untersuchungen dienen.

## 2.3 Alkanolamine als chemische Absorptionsmittel für $CO_2$

*„Alkanolamines are the most popular absorbents used to remove $CO_2$ from process gas streams."*[76]

Dieses Zitat zeigt die enorme Bedeutung, die Alkanolaminen in der heutigen Forschung und auch Wirtschaft zukommt. Daher ist es von forschungs- und wirtschaftsseitigem Interesse, sich genauer mit der Thematik der Alkanolaminlösungen auseinander- zusetzen.

---

[75] (Kenig, et al., 2002)

[76] (Vaidya & Kenig, 2007)

36

## 2.3.1 Definition - Alkanolamine[77]

Aminoalkohole, eher bekannt unter dem Synonym Alkanolamine, zeichnen sich dadurch aus, dass sie mindestens eine Hydroxylgruppe (-OH) und eine Aminogruppe (-NH$_2$, -NHR, -NR$_2$) besitzen. Als Grundgerüst der chemischen Struktur dienen in der Regel Alkane. Die Aminogruppe sorgt dafür, dass ausreichend Alkalinität für die Absorption des CO$_2$ vorhanden ist. Hierbei gibt die Alkalinität Auskunft über das Säurebindungsvermögen der betrachteten Komponente. Die Hydroxylgruppe dient hingegen zum einen dazu, den Dampfdruck der Komponente zu reduzieren, zum anderen die Löslichkeit der Komponente in einer polaren (wässrigen) Lösung zu erhöhen.[78]

Eine Untergruppierung der Alkanolamine kann vorgenommen werden, indem geschaut wird, wie viele Wasserstoff-Atome (H) des Ammoniaks (NH$_3$) durch eine Alkanolgruppe ersetzt worden sind. Hierdurch ergibt sich eine Unterteilung in primäre (-NH$_2$), sekundäre (-NHR) sowie tertiäre (-NR$_2$) Amine gemäß ihrer Aminofunktion. Als Besonderheit lassen sich die sterisch gehinderten Amine anfügen, welche sich durch eine oder mehrere angelagerte Substituenten (i.d.R. Alkylgruppen) am Molekül auszeichnen.

## 2.3.2 Beschreibung der verwendeten Absorbens

Im Laufe dieser Arbeit werden das primäre Alkanolamin *Monoethanloamin* (MEA) sowie das primäre, sterisch gehinderte Alkanolamin *2-Amino-2-methyl-1-propanol* (AMP) betrachtet.

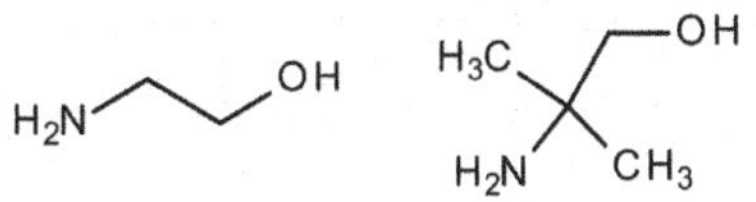

Abbildung 3: Strukturformel des MEA (links) sowie des AMP (rechts).

---

[77] (Schmitz, 2014)

[78] (Kohl & Nilsen, 1997)

Einen kurzen Überblick über ausgewählte Stoffdaten soll die Tabelle 2 bieten.

Tabelle 2: Auswahl einiger Stoffdaten von MEA und AMP.[79]

| Stoffdaten | Einheit | MEA | AMP |
|---|---|---|---|
| **Reinstoffdaten** | | | |
| Molare Masse | kg/kmol | 61,08 | 89,14 |
| Dichte bei 20 °C | kg/m$^3$ | 1020 | 934 |
| Dampfdruck bei 50 °C | Pa | 343 | 550 |
| Siedetemperatur bei 101,3 kPa | °C | 172 | 165 |
| Schmelztemperatur bei 101,3 kPa | °C | 10 | 30 |
| spez. Verdampfungsenthalpie bei 101,3 | kJ/kg | 811,3 | 457,7 |
| dyn. Viskosität $\eta$ bei 40 °C | mPa s | 10,02 | 46,93 |
| **Sicherheitshinweise** | | | |
| Flammpunkt | °C | 85 | 81 |
| MAK (Analogieabschätzung bzw. RD$_{50}$) | mg/m$^3$ | 2 - 4 | 7,5 - 19 |
| Toxologische Daten | mg/kg | 1720 | 2900 |
| H-Sätze | - | 302/312/314 | 315/319/412 |
| **Amin-Wasser-Lösung** | | | |
| pk$_s$-/pH-Wert (5 %ige Lösung) | - | 9,44 / 11,6 | 10,2 / 12 |
| Heat of absortion (25 °C)[(*)] | kJ/mol$_{CO2}$ | 88,91 | 63,95 |
| Wärmekapazität c$_p$ (x$_{Amine}$ = 0,4; 30 °C) | J/mol K | 112 | 147 |

(*) bezogen auf w$_{Amin}$ = 30 Gew.-% und $CO_2$-Beladung von 0,565 (MEA) bzw. 0,862 (AMP) mol$_{CO2}$/mol$_{Amin}$

[79] GESTIS-Stoffdatenbank des Instituts für Arbeitsschutz der Deutschen Gesetzlichen Unfallversicherung; Forschung der Bundesanstalt für Arbeitsschutz und Arbeitsmedizin (BAuA); Aspen Properties User Interface; (Kim, et al., 2013); (Chiu & Li, 1999); (Hsu & Li, 1997)

# 3 Modellaufbau

## 3.1 Prozessdarstellung

Um die Parameterstudien zur Untersuchung des MEA-$CO_2$-Systems sowie des AMP-$CO_2$-Systems vornehmen zu können, muss zunächst das Modell mit den jeweiligen Apparaten erstellt werden. Erst im Anschluss hieran kann die Implementierung des Modells in die Simulation erfolgen. Der generelle Aufbau eines Absorption-Desorption-Kreislaufprozesses kann der Abbildung 4 entnommen werden.

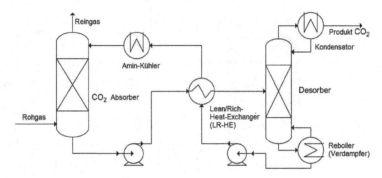

Abbildung 4: Genereller Aufbau eines $CO_2$-Absorption-Desorption-Kreislaufprozesses.[80]

Für das Gesamtmodell werden zunächst die Absorber- sowie die Desorberkolonne separat betrachtet und modelliert. Für den Desorber besteht die Besonderheit, dass die Kolonne in der Simulation lediglich die strukturierte Packung repräsentiert. Reboiler im Sumpf sowie Kondensator im Kopf der Kolonne werden als zusätzliche Modelle implementiert. Vervollständigt wird das Modell durch den sogenannten Lean/Rich-Heat-Exchanger (LR-HE), welcher zur Energieoptimierung des Gesamtsystems implementiert ist.

---

[80] (Øi, 2010)

Die Kühlung des regenerierten Absorbens (*lean absorbens*) unter Zuhilfenahme eines Amin-Kühlers sowie die Erwärmung des beladenen Absorbens (*rich absorbens*) wird hierdurch realisiert.

Das Modell in Analogie zu dem Verfahrensfließbild in Abbildung 4 kann der Abbildung 5 entnommen werden.

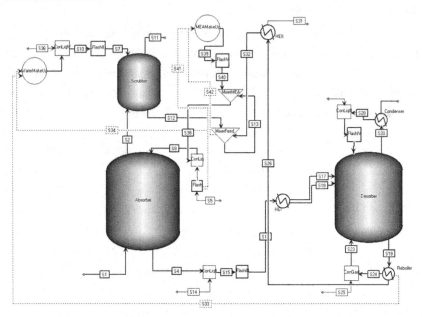

Abbildung 5: Modell des $CO_2$-Absorption-Desorption-Kreislaufprozesses in der Simulationsumgebung Aspen Custom Modeler®.

Zusätzlich zu den in Abbildung 4 dargestellten Apparaten ist der Abbildung 5 ein sogenannter *Scrubber* (auch: Nass-/Wäscher) am Reingas-Auslass des Absorbers zu entnehmen. Dieser dient dazu mitgerissenes Amin am Kopf des Absorbers mittels eines Waschstromes (hier: $H_2O$) zurückzugewinnen. Gleichzeitig wird der Wasserbedarf zur Kompensation von $H_2O$-Verlusten (*$H_2O$-MakeUp*) hierdurch im geschlossenen Kreislauf gedeckt. Die Nachführung von MEA-Verlusten wird hingegen durch ein separates Modell (*MEA-MakeUp*) realisiert. Für den AMP-Fall kann hierbei auf das Modell des AMP-MakeUps verzichtet werden, da die Verluste an Absorbens marginal sind und die Konvergenz der Simulation negativ beeinflusst wird. Bei dem Modell des Desorbers wird

40

auf die Darstellung des Scrubbers verzichtet. Als Gründe sind hierbei die steigende Modellkomplexität zu nennen, zum anderen jedoch die Minimierung der Absorbensverluste im Desorber durch geschickte Wahl der Reboiler-Temperatur (beachte: Siedetemperatur), des Reboiler-Drucks (beachte: Dampfdruck) sowie der Temperatur im Kondensator. Durch die Festlegung der entsprechenden Betriebsgrößen sowie der Berücksichtigung weiterer negativer Effekte wie der thermischen Degradation können die Verluste auf diese Weise auf ein zu vernachlässigendes Minimum gesenkt werden. Der LR-HE wird in der Simulation für die jeweiligen Produktströme separat modelliert (HEI und HEII). Zum einen werden die Phänomene des Wärmetransportes in dem Modell des LR-HE an dieser Stelle nicht betrachtet, zum anderen wird die Vorwärmung des beladenen Absorbens für den Desorber sowie die Abkühlung des regenerierten Absorbens für den Absorber im Modell simultan realisiert. Zur energetischen Untersuchung im Zuge der Parameterstudie werden daher die absoluten Werte für den Wärmebedarf im Reboiler (auch: Verdampfer) sowie HEI und für die Wärmefreisetzung im Kondensator sowie HEII herangezogen und miteinander verglichen. Als wichtige Bemerkung sei an dieser Stelle bereits angefügt, dass durch diese Betrachtungsweise Nicht-Idealitäten wie Wärmeverluste der jeweiligen Apparate nicht berücksichtigt werden. Der Wirkungsgrad der Apparate zur Wärmeübertragung beträgt hierbei $\eta_{W\ddot{U}} = 1$.

Zu den aufgezeigten apparativen Besonderheiten lassen sich einige modell- und simulationsbedingte Elemente nennen. Um austretende Produktströme zu einem geschlossenen Produktstrom zusammenzuführen, werden in dem Modell sogenannte *Mixer* verwendet. Dieses wird sowohl für die Zusammenführung des Scrubber-Rücklaufs mit dem regenerierten Absorbens als auch für den in den Absorber eintretenden Absorbensstrom mit dem MEA-MakeUp-Strom benötigt. Als Modellgleichungen werden hierbei einfache Bilanzgleichungen (Gesamt- und massebezogene Komponenten-bilanzen) verwendet, um die austretenden Produktströme mit ihrer jeweiligen Zusammensetzung zu ermitteln. Eine weitere Besonderheit ist die Verwendung sogenannter *Konnektoren*. Diese Modelleinheiten werden dazu benötigt, um Startwerte für die Molenströme mit den entsprechenden Zusammensetzungen diverser Eingangsströme sowie die Betriebsgrößen Druck und Temperatur zu definieren. Diese fiktiven, zunächst angenommenen Ströme werden in der Simulation als *Dummy-Ströme* bezeichnet. Im Modell werden diese für den regenerierten Absorbensstrom in den Absorber, den beladenen Absorbensstrom in den Desorber, den $H_2O$-Strom für den Kondensator des Desorbers, dem im Reboiler verdampfenden $H_2O$-Absorbens-Gemisch sowie für den $H_2O$-MakeUp-Strom benötigt. Durch sogenannte *Scripte*, welche zur Beschreibung von diversen Programmabläufen definiert werden müssen, werden die Konnektoren für die entsprechenden Dummy-Ströme schrittweise geschlossen und durch die in dem Modell berechneten Größen ersetzt.

## 3.2 Reaktionssysteme

Die Reaktivabsorption mit Alkanolaminlösungen hat sich als verfahrenstechnischer Prozess zur Entfernung von Sauergaskomponenten, wie beispielsweise dem in dieser Arbeit betrachteten $CO_2$, aus Abgasströmen etabliert. Insbesondere für die Rauchgase aus Verbrennungsprozessen unterschiedlich befeuerter Kraftwerke findet das Verfahren Anwendung.

Primäre (Bsp. MEA), sekundäre (Bsp. Diethanolamin (DEA)) und sterisch gehinderte Alkanolamine (Bsp. AMP) reagieren mit $CO_2$ im wässrigen Milieu unter Bildung von Carbamaten. Die hierbei ablaufenden Vorgänge lassen sich über den sogenannten *Zwitterion-Mechanismus* erläutern. Als Besonderheit der sterisch gehinderten Alkanolamine sei im Gegensatz zu den primären und sekundären Alkanolaminen zu nennen, dass diese bei der Reaktion mit $CO_2$ im wässrigen Milieu keine stabilen Carbamatverbindungen ausbilden. Die Reaktion verläuft hierbei primär über die Bildung sogenannter Bicarbonate ($HCO_3^-$).

Für primäre und sekundäre Alkanolamine (z.B. MEA) lässt sich eine Gesamtreaktionsgleichung gemäß Gl. (3.2.1)[81] formulieren.

$$CO_2 + 2AmH \rightleftarrows AmCOO^- + AmH_2{}^+ \qquad (3.2.1)$$

Anhand Gl. (3.2.1) wird ersichtlich, dass bei der Absorption mittels primärer und sekundärer Alkanolamine je Mol an $CO_2$ zwei Mole an Absorbens benötigt werden. Diese

---

Tatsache beruht darauf, dass das Amin selbst als Base für die Deprotonierung des Zwitterions zur Bildung des Carbamats fungiert. Falls das Amin zusätzlich sterisch gehindert wird (z.B. durch sperrige, endständige Alkylgruppen), kann das Zwitterion leichter mit dem vorhandenen Wasser als mit einem Aminmolekül abreagieren, wobei die Bildung der bereits genannten Bicarbonate erfolgt. Anhand Gl. (3.2.2)[82] lässt sich dieses Phänomen verdeutlichen.

$$CO_2 + AmH + H_2O \rightleftarrows HCO_3^- + AmH_2^+ \qquad (3.2.2)$$

Es wird an dieser Stelle also deutlich, dass je Mol eingesetztes Amin im optimalen Fall des sterisch gehinderten AMP ein Mol $CO_2$ absorbiert werden kann, im Fall des primären MEA lediglich ½ Mol.

Tertiäre Amine (Bsp. Triethanolamin (TEA)) können nicht direkt mit dem $CO_2$ reagieren. Durch ihre Charakteristik einer hohen Basizität katalysieren sie eine Hydratisierung der $H_2O$-Moleküle, sodass deren Zerfallsprodukte wiederum mit den $CO_2$-Molekülen reagieren können. Die hierbei auftretenden Mechanismen lassen sich über die *Basisch-katalysierte Hydratisierung* erläutern. Die Charakteristik tertiärer Amine erschwert daher den Einsatz dieser Alkanolamingruppe als direktes Absorbens für die $CO_2$-Absorption. Tertiäre Amine wie das Methyldiethanolamin (MDEA) werden i.d.R. als hochselektive Absorbens für Schwefelwasserstoff ($H_2S$) verwendet. Für weitere Erläuterungen an dieser Stelle sei auf (Schmitz, 2014) verwiesen.

In den folgenden zwei Abschnitten sollen die Reaktionssysteme zwischen dem MEA-$CO_2$ und den AMP-$CO_2$ näher erläutert werden, um eine Implementierung der auftretenden Reaktionen in ACM vornehmen zu können. Hierbei wird gemäß Kapitel 2.2.5 in kinetisch kontrollierte (reversible) Reaktionen und instantane (reversible) Reaktionen (Gleichgewichtsreaktionen; i.d.R. reine Protonenübertragungsvorgänge) unterteilt, um die auftretende Rektionskinetik sowie die Abweichungen vom chemischen Gleichgewichtszustand durch Stofftransportvorgänge zu berücksichtigen. Für die Aminwäschen für $CO_2$ laufen die Basisreaktionen hierbei vollständig in der Flüssigphase ab.

---

[82] (Vaidya & Kenig, 2007)

### 3.2.1  MEA-CO₂-System

Das Reaktionssystem für MEA-CO₂ lässt sich nach (Kenig, et al., 2002) gemäß der nachfolgenden Ausführungen beschreiben.

Für die kinetisch kontrollierten reversiblen Reaktionen gilt Gl. (3.2.3) und (3.2.4).

$$CO_2 + OH^- \leftrightarrow HCO_3^- \tag{3.2.3}$$

$$CO_2 + MEAH + H_2O \leftrightarrow MEACOO^- + H_3O^+ \tag{3.2.4}$$

Die instantan reversiblen Reaktionen können gemäß Gl. (3.2.5) – (3.2.7) benannt werden.

$$MEAH + H_3O^+ \leftrightarrow MEAH_2^+ + H_2O \tag{3.2.5}$$

$$HCO_3^- + H_2O \leftrightarrow CO_3^{2-} + H_3O^+ \tag{3.2.6}$$

$$2\,H_2O \leftrightarrow H_3O^+ + OH^- \tag{3.2.7}$$

Aufgrund der Basizität des Absorbens in wässriger Lösung kann die Annahme getroffen werden, dass die Reaktion zwischen dem CO₂ und dem H₂O vernachlässigt werden kann. Für die Reaktionen (3.2.3) – (3.2.4), in denen das CO₂ vertreten ist, unterliegt die Reaktion einer Kinetik 2. Ordnung. Die Reaktionen (3.2.5) – (3.2.7) können aufgrund der Einordnung als instantan ablaufende Reaktionen durch Verwendung des jeweiligen Ausdruckes für das Massenwirkungsgesetz modelliert werden.

Die Reaktionsgeschwindigkeitskonstante $k_{hin}$ für die Hinreaktion lässt sich nach (2.2.22) berechnen. Hierbei haben sich laut (Aspen Technology Inc., 2012) für die Reaktionen (3.2.3)[83] und (3.2.4)[84] folgende Werte nach (3.2.8) und (3.2.9) ergeben.

$$k_{hin}(3.2.3) = 1,33\ 10^{17} e^{-\frac{55470,91}{\Re T}} \tag{3.2.8}$$

$$k_{hin}(3.2.4) = 3,02\ 10^{14} e^{-\frac{41264,26}{\Re T}} \tag{3.2.9}$$

Für die Reaktionsgeschwindigkeitskonstanten der Rückreaktion $k_{rück}$ bezüglich der Reaktionen (3.2.3) und (3.2.4) haben sich mit Hilfe der entsprechenden

---

[83] (Pinsent, et al., 1956)

[84] (Hikita, et al., 1977)

44

Gleichgewichtskonstante $K^{eq}$ gemäß Gl. (2.2.23) in (Aspen Technology Inc., 2012) die angegebenen Werte nach (3.2.10) und (3.2.11) ergeben.

$$k_{rück}(3.2.3) = 6{,}63 \; 10^{16} e^{-\frac{107416{,}54}{\Re T}} \qquad (3.2.10)$$

$$k_{rück}(3.2.4) = 6{,}50 \; 10^{27} e^{-\frac{95383{,}68}{\Re T}} \qquad (3.2.11)$$

Es ist ersichtlich, dass die Reaktionsgeschwindigkeit der Hinreaktion von (3.2.3) höher ist als von (3.2.4). Nichtsdestotrotz läuft die $CO_2$-Absorption bei moderaten Beladungen der Flüssigphase hauptsächlich über (3.2.4) ab. Dies ist damit zu erklären, dass die Edukt Konzentration von MEA um ein Vielfaches höher ist als die der $OH^-$- Ionen.

Die Koeffizienten zur Berechnung der Gleichgewichtskonstanten der einzelnen Reaktionen gemäß Gl. (2.2.4) können nach (Austgen, et al., 1989) sowie der Datenbank Aspen Properties® der Tabelle 3 entnommen werden. Hierbei werden lediglich die Größen für die Gleichungen (3.2.5) – (3.2.7) benötigt, da die Reaktionskinetiken für die Gleichungen (3.2.3) – (3.2.4) aus Literatur bekannt sind.

Tabelle 3: Koeffizienten zur Berechnung der temperaturabhängigen Gleichgewichtskonstanten (MEA-System).

| Reaktion | A | B | C | D | Gültigkeitsbereich / °C |
|---|---|---|---|---|---|
| (3.2.5) | +0,7996 | -8094,81 | 0,0 | -0,007484 | k. A. |
| (3.2.6) | +216,049 | -12431,7 | -35,4819 | 0,0 | 0-225 |
| (3.2.7) | +132,899 | -13445,9 | -22,4773 | 0,0 | 0-225 |

### 3.2.2 AMP-$CO_2$-System

Das Reaktionssystem für AMP-$CO_2$ lässt sich nach (Gabrielsen, et al., 2006) gemäß der nachfolgenden Ausführungen beschreiben.

Da die Stabilität des Carbamats, wie bereits erwähnt, für sterisch gehinderte Alkanolamine (hier: AMP) gering ist und die Konzentration in der Region, in der die Reaktion hauptsächlich abläuft (vgl. Phasengrenzfläche), dementsprechend ebenfalls

45

sehr gering ist, lässt sich das Reaktionssystem über lediglich eine einzige kinetisch kontrollierte Reaktion und weitere instantane und reversible Reaktionen abbilden.

Für die kinetisch kontrollierte, reversible Reaktion gilt die Ausführung gemäß Gl. (3.2.12).

$$AMPH^+ + HCO_3^- \leftrightarrow AMP + CO_2(aq.) + H_2O \qquad (3.2.12)$$

Der Gültigkeitsbereich für die Gl. (3.2.12) wird in der Literatur bezogen auf die Beladung mit $CO_2$ im Intervall von 0,001 bis 1,0 angegeben. Hierbei wird die Anwesenheit von Hydroxidionen ($OH^-$) sowie von Carbonationen ($CO_3^{2-}$) vernachlässigt.

Die instantan reversiblen Reaktionen können gemäß (3.2.13) – (3.2.15) benannt werden.

$$2\,H_2O \leftrightarrow H_3O^+ + OH^- \qquad (3.2.13)$$

$$HCO_3^- + H_2O \leftrightarrow CO_3^{2-} + H_3O^+ \qquad (3.2.14)$$

$$AMPCOO^- + H_2O \leftrightarrow AMP + HCO_3^- \qquad (3.2.15)$$

Auch in diesem Fall unterliegt die Reaktion (3.2.12) einer Kinetik 2. Ordnung. Die Reaktionsgeschwindigkeitskonstante $k_{hin}$ für die Hinreaktion ergibt sich gemäß (2.2.22) mit Hilfe experimenteller Untersuchungen von (Saha, et al., 1995) zu (3.2.16).

$$k_{hin}(3.2.12) = 1{,}943 \cdot 10^7 e^{-\frac{5176,49}{\Re T}} \qquad (3.2.16)$$

Der validierte Gültigkeitsbereich kann nach (Saha, et al., 1995) für die Temperatur mit 21-45 °C, für die AMP Konzentration in Lösung mit 0,5-2,0 kmol/m$^3$ angegeben werden. Hierbei hat sich für den Reaktionsmechanismus ergeben, dass die Absorption von $CO_2$ in wässriger AMP-Lösung zunächst über die Bildung von Carbamaten erläutert werden kann, die über den Zwitterion-Mechanismus als übergangsweise bestehendes Zwischenprodukt entstehen, und in einem weiteren Schritt eine Umwandlungsreaktion zu den Bicarbonaten erfahren.

Eine weitere Quelle zur Beschreibung der Reaktionskinetik kann mit (Camacho, et al., 2005) angegeben werden. In dem entsprechenden Paper wird davon berichtet, dass die Einflüsse des Temperaturprofils in der Reaktionszone Berücksichtigung finden müssen. Hierbei hat sich die Reaktionsgeschwindigkeitskonstante der Hinreaktion zu (3.2.17) ergeben.

$$k_{hin}(3.2.12) = 4{,}8 \; 10^{12} e^{-\frac{8186{,}9}{\Re T}} \qquad\qquad (3.2.17)$$

In einem Vergleich im Zuge der Diskretisierung und Validierung des AMP-Modells hat sich gezeigt, dass die Beobachtungen nach (Gabrielsen, et al., 2006) eine bessere Übereinstimmung mit den experimentellen Daten nach (Gabrielsen, et al., 2007), welche zur Validierung genutzt werden sollen, bieten.

Die Berechnung der Reaktionsgeschwindigkeitskonstante der Rückreaktion $k_{rück}$ erfolgt unter Einbeziehung der Gleichgewichtskonstanten $K^{eq}$ (siehe Gl. (2.2.23)). In einem Vergleich zwischen (3.2.16) und (3.2.11) wird deutlich, dass die Reaktion zwischen dem MEA und dem $CO_2$ im wässrigen Milieu um ein Vielfaches schneller abläuft als dieses beim AMP der Fall ist. Es ist daher zu prüfen, ob sich dieser Aspekt später auch in den Absorptionsraten wiederspiegeln wird.

Die Koeffizienten zur Berechnung der Gleichgewichtskonstanten der einzelnen Reaktionen gemäß Gl. (2.2.4) können aus der Datenbank Aspen Properties® oder auch den genannten Quellen aus Abschnitt 3.2.1 gemäß Tabelle 4 entnommen werden. Für die Gleichung (3.2.15) werden aufgrund der ausbleibenden Bildung stabiler Carbamate keine Parameter zur Berechnung von $K^{eq}$ benötigt, sodass diese Reaktion im Modell nicht berücksichtigt wird.

Tabelle 4: Koeffizienten zur Berechnung der temperaturabhängigen Gleichgewichtskonstanten (AMP-System).

| Reaktion | A | B | C | D | Gültigkeitsbereich / °C |
|----------|-----------|-----------|-----------|-----|--------------------------|
| (3.2.12) | -235,152 | +5337,414 | +36,7816 | 0,0 | k. A. |
| (3.2.13) | +132,899 | -13445,9 | -22,4773 | 0,0 | 0-225 |
| (3.2.14) | +216,049 | -12431,7 | -35,4819 | 0,0 | 0-225 |

## 3.3 Übersicht vorgegebener Prozessparameter

In diesem Abschnitt sollen die Prozess- und Eingangsparameter für die Simulation aufgezeigt werden. Diese umfassen zum einen die Abgasströme, zum anderen jedoch auch kolonnenspezifische Parameter.

Die beiden Abgasströme, welche in dieser Simulation systematisch untersucht werden sollen, stammen aus folgenden realen Anwendungsszenarien:

I. *Gasbefeuertes 420 MW Kraftwerk* (engl.: Natural gas-fired 420 MWe combined cycle gas turbine power plant)

II. *Kohlebefeuertes 420 MW Kraftwerk* (engl.: Bituminous coal-fired 420 MWe advanced supercritical power plant)

Die Zusammenstellung relevanter Eingangsgrößen lässt sich der Tabelle 5 entnehmen.

Tabelle 5: Übersicht der Abgasstromwerte.

| Größe / Einheit | Gasbefeuertes | Kohlebefeuertes |
|---|---|---|
| p / bar | 1,1 | 1,1 |
| T / °C | 54,28 | 41,93 |
| $w(CO_2)$ / $y(CO_2)$ | 0,0751 / 0,0476 | 0,2113 / 0,142 |
| $w(H_2O)$ / $y(H_2O)$ | 0,0574 / 0,0889 | 0,0431 / 0,0708 |
| $w(Abs.)$ / $y(Abs.)$ | 0,0 / 0,0 | 0,0 / 0,0 |
| $w(N_2)$ / $y(N_2)$ | 0,8675 / 0,8635 | 0,7456 / 0,7872 |
| $\dot{m}$ / $kg\ s^{-1}$ | 276,7 | 201,2 |
| $\dot{N}$ / $mol\ s^{-1}$ | 9921,0 | 6803,3 |
| $\dot{V}$ / $m^3\ s^{-1}$ | 245,5 | 162,0 |

Die Absorberkolonne für den Gas-Fall wird zunächst als eine *32 m* hohe Kolonne mit strukturierter Packung (Typ: *Mellapak 250 Y*) modelliert. Für den Kohle-Fall wird ein Startwert von *21 m* für die Höhe der Kolonne angenommen, da das Konzentrationsgefälle (die treibende Kraft) in dem Kohle-Fall höher ist im Vergleich zum Gas-Fall. Aus diesem Grund kann hier bereits bei einer verminderten Absorberhöhe eine entsprechende Absorptionsrate erreicht werden. Die Absorberkolonne soll hierbei einen Durchmesser von *15 m*[85] besitzen. Im Zuge der Parameterstudie soll die Höhe des Absorbers jedoch als freier Parameter untersucht werden, um dessen Einfluss auf den Prozess zu ermitteln. Zusätzlich zu der Absorptionszone müssen die geometrischen Parameter der Waschzone (*Scrubber*) berücksichtig werden. Hierbei wird eine Höhe von *4 m* bei einem entsprechenden Durchmesser von *15 m* angenommen. Die geometrischen Daten der Desorberkolonne sind zu Beginn nicht eindeutig spezifiziert, da sie laut Aussagen unterschiedlichster Untersuchungen (siehe z.B. (Kothandaraman, 2010)) lediglich einen sehr geringen bis nahezu keinen Einfluss auf die Ergebnisse der Studie mittels Simulation besitzen. Eine stichprobenartige Überprüfung dieser These anhand des Desorber-Modells hat entsprechende Erkenntnisse bestätigen können. Als geometrischer Parameter für die Höhe der strukturierten Packung der Desorberkolonne werden zunächst rund *3,5 m* bei einem Kolonnendurchmesser von rund *8 m* verwendet. Hierbei lässt sich der Bereich des Desorbers in eine Einlauf- und Mischzone (0,5 m im Kopf des Desorbers) sowie die eigentliche Desorptionszone (3 m ab Sumpf des Desorbers) einteilen. Die Einbauten des Desorbers sind ebenfalls durch eine strukturierte Packung (Typ: *Mellapak 250 Y*) gegeben. In Realität müssen zu der Höhe der Packung des Desorbers die Mischungs- und Verteilungszone (engl. *distributor*), der Reboiler im Sumpf sowie der Kondensator im Kopf berücksichtigt werden, sodass sich eine im Gegensatz zu dem Modell erhöhte Gesamthöhe für den Desorber ergeben würde.

## 3.4 Numerische Diskretisierung

Im Zuge der rate-based Modellierung ist die numerische Diskretisierung der erste entscheidende Schritt zur Lösung des Modells. Hierbei wird die Diskretisierung sowohl in axialer (in Richtung der Kolonnenhöhe) als auch für den Film in radialer Richtung vorgenommen.

Um eine optimale axiale Diskretisierung zu ermitteln, wird die Ab- und Desorptionsrate $\Psi_{abs}$ bzw. $\Psi_{des}$ als Funktion der Anzahl an axialen Diskreten $N_{ax}$ aufgetragen. Für diesen

---

[85] Maximalwert des Kolonnendurchmessers für den Packungstyp Mellapak 250 Y: „Strukturierte Packungen – für Destillation, Absorption und Reaktivdestillation; Sulzer Chemtech (2014)"

Schritt wird nicht der gesamte Zyklus des Absorption-Desorption-Kreislaufprozesses angeschaut, sondern der Absorber und Desorber separat betrachtet. Als Ergebnis zeigen sich die jeweiligen $CO_2$-Molenströme im Absorber und Desorber, sodass z.B. die Absorptionsrate des Absorbers $\Psi_{abs}$ (3.4.1) und die Desorptionsrate des Desorbers $\Psi_{des}$ (3.4.2) betrachtet werden können.

$$\Psi_{abs} = \frac{y_{CO_2,ein} - y_{CO_2,aus}}{y_{CO_2,ein}} \qquad \Psi_{des} = \frac{x_{CO_2,ein} - x_{CO_2,aus}}{x_{CO_2,ein}} \qquad (3.4.1), (3.4.2)$$

Die weiteren Betriebsgrößen wie Temperatur der eintretenden Gas- und Absorbensströme, auftretende Drücke, der Volumenstrom an zu behandelndem Abgas, die Verunreinigung des Abgases mit $CO_2$, der Stofffluss an beladenem und regeneriertem Absorbens mit der entsprechenden Konzentration des Alkanolamins in Lösung sowie die benötigte Desorber-Leistung werden zu Beginn der Diskretisierung anhand zuvor experimentell ermittelter Werte definiert.

Für die Diskretisierung des Filmgebietes sollen zunächst einige Überlegungen angefügt werden. Im Absorber führen die schnell ablaufenden Reaktionen zu nicht linearen Konzentrationsprofilen (siehe Abbildung 6). Diese können nur dann hinreichend genau beschrieben werden, wenn das Filmgebiet in einzelne Segmente unterteilt wird.[86] Eine vollständige Beschreibung der Einteilung chemischer Reaktionen gemäß ihrer Kinetik kann u.a. (Levenspiel, 1999) entnommen werden.

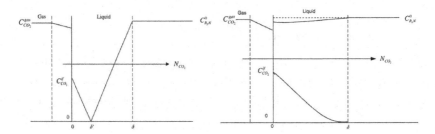

Abbildung 6: Konzentrationsprofile im Gas- und Flüssigfilm für instantan ablaufende (links) und schnell ablaufende (pseudo-first order) Reaktionen (rechts) unter Anwendung der Film-Theorie.[87]

---

[86] (Kucka, et al., 2003)

[87] (Gabrielsen, 2007)

Im Bereich der Phasengrenzfläche sind die Konzentrationsgradienten am steilsten, sodass in diesem Bereich Stoff- und Wärmeübertragungsvorgänge sowie ablaufende Reaktionen sich besonders prägnant abzeichnen. Nach (Asprion, 2006) wird daher an dieser Stelle eine asymmetrische Verteilung der Gitterpunkte zur Bestimmung der Breiten der jeweiligen Filmdiskrete empfohlen (siehe (3.4.3)[88]).

$$\delta_i = \delta * \left( \left( \frac{i}{N_{film}} \right)^{1/m} - \left( \frac{i-1}{N_{film}} \right)^{1/m} \right) \tag{3.4.3}$$

Der Parameter $\delta_i$ gibt hierbei die Breite des i-ten Filmsegments mit einer gesamten Breite von $\delta$ an. Des Weiteren gibt der Modellparamter $N_{film}$ die Anzahl an Filmsegmenten an und der Distributionsparameter $m$ die Lage der jeweiligen Gitterpunkte. Für $m = 1$ ergibt sich eine äquidistante Einteilung der einzelnen Filmsegmente, wohingegen eine Erhöhung des Distributionsparameters $m$ die Filmsegmente in Richtung der Phasengrenzfläche feiner werden lässt. In den nächsten Abschnitten des Kapitels 3.4 soll der Distributionsparamter $m$ daher neben der Anzahl an Filmsegmenten $N_{film}$ untersucht werden. Auch hier wird die Größe der Absorptionsrate $\Psi_{abs}$ am Beispiel des Absorbers unter Variation der aufgezeigten Parameter untersucht. Allgemein kann an dieser Stelle bereits erwähnt werden, dass eine äquidistante Verteilung ($m = 1$) in Kombination mit einer zu geringen Anzahl an Filmsegmenten $N_{film}$ den $CO_2$-Stofftransport in Nähe der Phasengrenzfläche überschätzt. Ursache dieses Aspektes ist es, dass das Konzentrationsprofil an der Phasengrenzfläche (siehe Abbildung 6) nicht hinreichend genau abgebildet wird. Diese Tatsache führt daher unweigerlich zu einer Überbewertung der Absorptionsrate $\Psi_{abs}$. Auf der anderen Seite führt eine zu hohe Wahl des Distributionsparameters $m$ zu demselben Problem, da auch hier das Konzentrationsprofil nicht entsprechend abgebildet wird. Bei welchen exakten Werten das angesprochene Problem auftritt, ist von Simulation zu Simulation unterschiedlich und muss daher adäquat untersucht werden.

Da eine erhöhte Anzahl an Diskreten ($N_{ax}$ und $N_{film}$) immer zu Lasten der Recheneffizienz fällt, ist an dieser Stelle eine Kompromisslösung notwendig. Wird die

---

[88] (von Harbou, et al., 2014)

Anzahl an Diskreten so weit erhöht, dass die Anzahl an zu lösenden Gleichungen so enorm hoch ist, dass eine einziger Simulationsdurchlauf mitunter mehrere Tage dauert, ist diese Dauer für den Umfang dieser Arbeit als unangemessen anzusehen. Wird daher die Anzahl an Diskreten etwas niedriger gewählt, sodass geringe Abweichungen im sehr kleinen prozentualen Bereich auftreten, ist dieses zur Erstellung einer praktikablen Simulation im erlaubten Rahmen. Außerdem sei an dieser Stelle noch als Kommentar angefügt, dass es sich bei einer Simulation immer um ein Modell mit bestimmten vereinfachten Annahmen handelt, sodass geringe Abweichungen zur Realität i.d.R. immer enthalten sind.

### 3.4.1  MEA-CO$_2$-System

#### 3.4.1.1  Absorber

Die Diskretisierung des Absorbers für das MEA-CO$_2$-System ist zunächst anhand des Abgasstromes des kohlebefeuerten Kraftwerks (Kohle-Fall) vorgenommen worden. Nach der vollständigen Diskretisierung wird diese mittels des Abgasstromes des gasbefeuerten Kraftwerks (Gas-Fall) nochmals überprüft, ob auch für diese Bedingungen die Simulation robust ist und entsprechende Ergebnisse liefert.

Die axiale Diskretisierung kann der Abbildung 7 für beide Fälle entnommen werden.

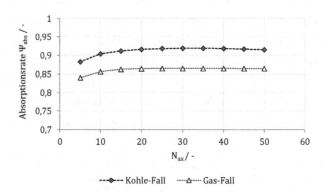

Abbildung 7: Absorptionsrate $\Psi_{abs}$ als Funktion der Anzahl axialer Diskrete $N_{ax}$ für den Absorber des MEA-CO$_2$-Systems.

Die Untersuchung der axialen Diskretisierung hat für den Kohle-Fall einen praktikablen Wert für $N_{ax} = 20$ geliefert. Der Abbildung 7 kann zwar ein sehr leichter Rückgang der simulierten Absorptionsrate $\Psi_{abs}$ entnommen werden (insbesondere bei dem Kohle-Fall), jedoch tritt dieses Phänomen erst bei sehr hoher Anzahl an axialen Diskreten auf. In der Wissenschaft kann diesem Effekt durch eine Wahl an sehr hohen axialen Diskreten entgegen gewirkt werden, jedoch geht dies stark zu Lasten der Recheneffizienz. Durch Abwägung des Nutzen-Zeit-Faktors wird der Wert für $N_{ax} = 20$ als praktikabel angesehen und daher für die weiteren Untersuchungen verwendet. Eine entsprechende Betrachtung der axialen Diskrete für den Gas-Fall (siehe Abbildung 7) hat das Ergebnis für $N_{ax} = 20$ bestätigen können.

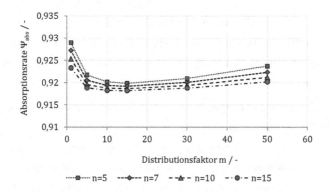

Abbildung 8: Absorptionsrate $\Psi_{abs}$ als Funktion der Anzahl radialer Filmsegmente $N_{film}$ sowie des Distributionsfaktors m für den Absorber des MEA-CO$_2$-Systems (Kohle-Fall).

Die radiale Diskretisierung anhand von $N_{film}$ sowie die Untersuchung des Distributionsfaktors m hat die Ergebnisse gemäß Abbildung 8 ergeben. Hierbei lässt sich beobachten, dass die Variation an radialen Filmsegmenten nur marginale, jedoch nicht zu vernachlässigende Einflüsse besitzt. Eine Anzahl von $N_{film} = 7$ kann als robust und numerisch sinnvoll betrachtet werden, da eine Erhöhung auf $N_{film} = 10$ bzw. $N_{film} = 15$ lediglich Änderungen im ‰-Bereich hervorruft. Für den Distributionsparameter m wird $m = 15$ verwendet.

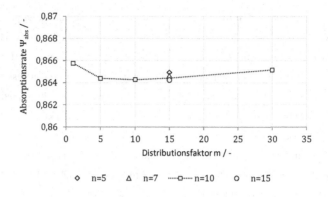

Abbildung 9: Absorptionsrate $\Psi_{abs}$ als Funktion der Anzahl radialer Filmsegmente $N_{film}$ sowie des Distributionsfaktors m für den Absorber des MEA-CO$_2$-Systems (Gas-Fall).

Wie in dem Fall der axialen Diskretisierung ist auch hier eine stichprobenartige Untersuchung der radialen Diskretisierung anhand des Gas-Falls vorgenommen worden (siehe Abbildung 9).

Auch hier sind die Beobachtungen, die anhand der systematischen Analyse des Kohle-Falls gemacht worden sind, bestätigt worden. Änderungen bei der radialen Diskretisierung sowie der Wahl des Distributionsparameters m führen nur zu marginalen Veränderungen bei der Absorptionsrate $\Psi_{abs}$. Das charakteristische Minimum bei der Variation des Distributionsparameters m zeigt sich hier zwischen $m = 10$ und $m = 15$. Mit den entsprechenden Parametern kann die Diskretisierung für beide betrachteten Fälle als konsistent und robust angesehen werden.

### 3.4.1.2 Desorber

Der Desorber für das MEA-CO$_2$-System ist in Analogie zu dem Absorber diskretisiert worden. Hierbei hat sich rasch gezeigt, dass diese für den Desorber nur einen marginalen Einfluss besitzt. Abbildung 10 illustriert die axiale Diskretisierung. Für die entsprechenden Betriebsbedingungen hat sich am Austritt des Desorbers ein molares Verhältnis von 0,288 mol$_{CO2}$/mol$_{Amin}$ ergeben. Die gewählte Anfangsbeladung des in den Absorber eintretenden Lösungsmittelstroms hat 0,275 mol$_{CO2}$/mol$_{Amin}$ betragen. Die

Diskretisierung des Desorbers ist demnach an einem geeigneten und repräsentativen Betriebspunkt vorgenommen worden.

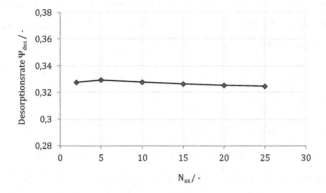

Abbildung 10: Desorptionsrate $\Psi_{des}$ als Funktion der Anzahl axialer Diskrete $N_{ax}$ für den Desorber des MEA-CO$_2$-Systems (Kohle-Fall).

Für $N_{ax} = 10$ bietet die Diskretisierung des Desorbers ein hinreichend exaktes Ergebnis, sodass dieser Wert als weiterer Modellparameter genutzt werden kann. Die radiale Diskretisierung unter Zuhilfenahme des Distributionsparameters m hat die Ergebnisse gemäß Abbildung 11 geliefert.

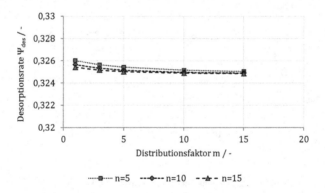

Abbildung 11: Desorptionsrate $\Psi_{des}$ als Funktion der Anzahl radialer Filmsegmente $N_{film}$ sowie des Distributionsfaktors m für den Desorber des MEA-CO$_2$-Systems (Kohle-Fall).

55

Die Abbildung 11 zeigt eindeutig, dass die radiale Diskretisierung für eine unterschiedliche Anzahl an Filmsegmenten nur Änderungen im ‰-Bereich hervorruft. Aus Gründen der Rechenzeiteffizienz wird im Folgenden mit $N_{film} = 7$ gerechnet, wobei der Distributionsparameter mit $m = 15$ angenommen wird. Eine Untersuchung des Gas-Falls hat diese Beobachtungen bestätigen können.

### 3.4.2   AMP-$CO_2$-System

#### 3.4.2.1   Absorber (Validierungskolonne)

Die Diskretisierung des Modells, welches die Absorberkolonne im Technikumsmaßstab für die experimentellen Untersuchungen nach (Gabrielsen, et al., 2007) abbildet, ist anhand des ausgewählten Testlaufes **R4** (siehe Tabelle 7) vorgenommen worden. Dieser repräsentiert mit $y_{CO_2,ein} = 9{,}28\,vol.-\%$ eine mittlere bis mittel hohe Beladung des Rohgases. Die Ergebnisse der Diskretisierung sollen mit dem Testlauf **R3**, welcher mit $y_{CO_2,ein} = 4{,}17\,vol.-\%$ eine geringe Rohgasbeladung darstellt, stichprobenartig verglichen werden.

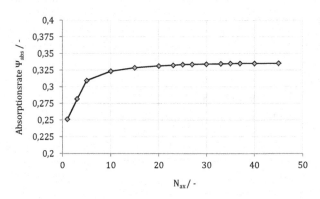

Abbildung 12: Absorptionsrate $\Psi_{abs}$ als Funktion der Anzahl axialer Diskrete $N_{ax}$ für den Validierungsabsorber des AMP-$CO_2$-Systems.

Die axiale Diskretisierung (siehe Abbildung 12) hat ergeben, · dass sich für die Absorptionsrate $\Psi_{abs}$ bei einer Erhöhung von 27 auf 30 axiale Diskrete lediglich eine Änderung von 0,039 % ergibt. Für die Validierungskolonne wird $N_{ax} = 30$ im weiteren

Verlauf verwendet. Der numerisch höhere Aufwand der Wahl von $N_{ax} = 30$ gegenüber $N_{ax} = 27$ kann an dieser Stelle in Kauf genommen werden, da die Anzahl an genannten Diskreten lediglich zur Validierung des Modells für den AMP-$CO_2$-Fall genutzt wird.

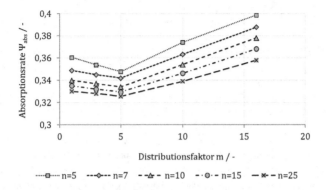

Abbildung 13: Absorptionsrate $\Psi_{abs}$ als Funktion der Anzahl radialer Filmsegmente $N_{film}$ sowie des Distributionsfaktors m für den Validierungsabsorber des AMP-$CO_2$-Systems.

Die radiale Diskretisierung ist, wie in Kapitel 3.4 beschrieben, für die Anzahl der Filmsegmente $N_{film}$ zusammen mit dem Distributionsparameter m vorgenommen worden. Hierbei hat sich gemäß Abbildung 13 eine Kombination von $N_{film} = 15$ sowie $m = 5$ als sinnvoll ergeben.

Anhand des Testlaufes **R3** ist die Anzahl an Filmsegmenten für $N_{film} = 10, 15$ und 25 bei $m = 2, 5, 10, 15$ und 20 stichprobenartig überprüft worden. Auch hier hat die radiale Diskretisierung die oben aufgezeigte Kombination bestätigen können. Auch hat eine Erhöhung der Anzahl an axialen Diskreten keine wahrnehmbare Änderung der Absorptionsrate $\Psi_{abs}$ aufzeigen können. Somit kann die Diskretisierung der Validierungskolonne mit den angegebenen Parametern als robust angesehen werden.

### 3.4.2.2 Absorber

Die Diskretisierung des Absorbers mit AMP soll ebenfalls zunächst für das Abgas des kohlebefeuerten Kraftwerks (Kohle-Fall) vorgenommen werden. Im Anschluss hieran soll eine stichprobenartige Überprüfung der ermittelten Größen in Analogie zu

Abschnitt 3.4.1.1 erfolgen, welche das Abgas des gasbefeuerten Kraftwerks (Gas-Fall) betrachtet.

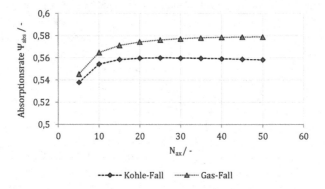

Abbildung 14: Absorptionsrate $\Psi_{abs}$ als Funktion der Anzahl axialer Diskrete $N_{ax}$ für den Absorber des AMP-CO$_2$-Systems.

Die axiale Diskretisierung (vgl. Abbildung 14) hat eine Anzahl $N_{ax} = 20$ als robust ermittelt. Eine Erhöhung auf $N_{ax} = 25$ führt eine Änderung der Absorptionsrate $\Psi_{abs}$ von lediglich 0,067 % herbei. Angesichts des erhöhten numerischen Aufwands sowie der erhöhten Anzahl an verwendeten, axialen Diskreten wird daher mit einer axialen Diskretanzahl von $N_{ax} = 20$ weitergearbeitet. Die Betrachtung des Gas-Falls hat einen konstanten Wert für die Absorptionsrate $\Psi_{abs}$ erst ab einer Anzahl an axialen Diskreten von $N_{ax} = 25$-30 ergeben. Für den Gas-Fall kann im AMP-Fall mit $N_{ax} = 30$ weitergearbeitet werden, ohne einen signifikanten Qualitätsverlust zu verzeichnen.

Für die Betrachtung der Anzahl an radialen Filmsegmenten sowie des Distributionsfaktors m hat sich das Bild gemäß Abbildung 15 gezeigt.

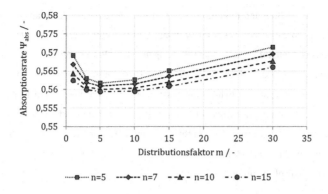

Abbildung 15: Absorptionsrate $\Psi_{abs}$ als Funktion der Anzahl radialer Filmsegmente $N_{film}$ sowie des Distributionsfaktors m für den Absorber des AMP-$CO_2$-Systems (Kohle-Fall).

Hierbei hat sich in Analogie zu Abschnitt 3.4.1.1 eine Anzahl an radialen Filmsegmenten von $N_{film} = 7$ als praktikabel erwiesen. Für den Distributionsparameter m wird $m = 10$ genutzt.

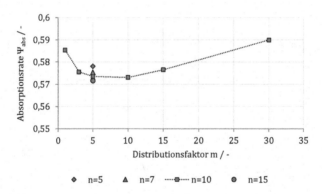

Abbildung 16: Absorptionsrate $\Psi_{abs}$ als Funktion der Anzahl radialer Filmsegmente $N_{film}$ sowie des Distributionsfaktors m für den Absorber des AMP-$CO_2$-Systems (Gas-Fall).

Wie in dem Fall der axialen Diskretisierung ist auch hier eine stichprobenartige Untersuchung der radialen Diskretisierung anhand des Gas-Falls vorgenommen worden (siehe Abbildung 16).

Auch hier sind die Beobachtungen, die anhand der systematischen Analyse des Kohle-Falls gemacht worden sind, bestätigt worden. Es zeigt sich, dass das System bei dem Gas-Fall etwas sensibler auf Veränderungen der Parameter bei der radialen Diskretisierung und der Untersuchung des Distributionsparameters m reagiert. Insbesondere eine zu starke Erhöhung des Distributionsparameters m führt zu einer signifikanten Abweichung der Absorptionsrate $\Psi_{abs}$. Das charakteristische Minimum bei der Variation des Distributionsparameters m zeigt sich hier zwischen $m = 5 - 10$. Mit den entsprechenden Parametern kann die Diskretisierung für beide betrachteten Fälle als konsistent und robust angesehen werden.

### 3.4.2.3 Desorber

Der Desorber für das AMP-$CO_2$-System ist in Analogie zu dem Desorber des MEA-$CO_2$-Systems diskretisiert worden. Hierbei hat sich erneut bestätigt, dass die Diskretisierung des Desorbers nur einen marginalen Einfluss besitzt.

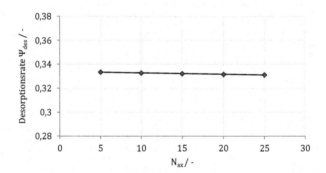

Abbildung 17: Desorptionsrate $\Psi_{des}$ als Funktion der Anzahl axialer Diskrete $N_{ax}$ für den Desorber des AMP-$CO_2$-Systems (Kohle-Fall).

Abbildung 17 illustriert die axiale Diskretisierung. Für die entsprechenden Betriebsbedingungen hat sich nach dem Desorber ein molares Verhältnis von 0,1595 $mol_{CO2}/mol_{Amin}$ ergeben. Die Anfangsbeladung des in den Absorber eintretenden Lösungsmittelstroms ist ursprünglich mit 0,2 $mol_{CO2}/mol_{Amin}$ angenommen worden. Für die Wahl des Betriebspunktes zur Diskretisierung besteht zwischen den beiden Werten eine hinreichend gute Übereinstimmung. Die Optimierung zwischen den Eingangs- und Ausgangsparametern des Ab- bzw. Desorbers wird im geschlossenen Zyklus des AMP-$CO_2$-Systems vorgenommen.

Für $N_{ax} = 10$ bietet die Diskretisierung des Desorbers ein hinreichend exaktes Ergebnis, sodass dieser Wert als weiterer Modellparameter genutzt werden kann. Die radiale Diskretisierung unter Zuhilfenahme des Distributionsparameters m hat die Ergebnisse gemäß Abbildung 18 geliefert.

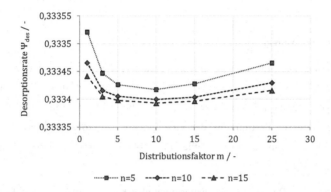

Abbildung 18: Desorptionsrate $\Psi_{des}$ als Funktion der Anzahl radialer Filmsegmente $N_{film}$ sowie des Distributionsfaktors m für den Desorber des AMP-$CO_2$-Systems (Kohle-Fall).

Die Abbildung 18 zeigt hierbei eindeutig, dass die radiale Diskretisierung für eine unterschiedliche Anzahl an Filmsegmenten nur Änderungen im ‰-Bereich hervorruft. Aus Gründen der Rechenzeiteffizienz und Konsistenz mit der Diskretisierung des Absorbers wird daher im Folgenden ebenfalls mit $N_{film} = 7$ gerechnet, wobei der Distributionsparameter m mit $m = 10$ angenommen wird. Eine Untersuchung des Gas-Falls hat diese Beobachtungen entsprechend bestätigen können.

## 3.5 Modellvalidierung

Die Validierung soll im Zuge dieser Arbeit eigenständig für das AMP-$CO_2$-System vorgenommen werden. Das MEA-$CO_2$-System steht dem Lehrstuhl für Fluidverfahrenstechnik der Universität Paderborn bereits in validierter Form zur Verfügung und muss daher nicht erneut validiert werden. Es sollen an dieser Stelle in Abschnitt 3.5.1 lediglich einige Ergebnisse in Form von Tabellen und Graphiken, die hierzu zunächst erstellt werden müssen, gezeigt und erläutert werden.

### 3.5.1 MEA-$CO_2$-System

Die Validierung des Modells des MEA-$CO_2$-Systems ist anhand von Daten aus zehn experimentell durchgeführten Testläufen[89] vorgenommen worden. Hierzu ist eine Absorber-Kolonne im Labormaßstab (H: 4,2 m) betrachtet worden. Entsprechende Messinstrumente zur Bestimmung der Ein- und Ausgangskonzentrationen in beiden Phasen sowie der Konzentrationsprofile von Gas- und Flüssigkeitsstrom sind hierzu installiert worden.

Eine Übersicht zur Darstellung der experimentellen Eingangsgrößen sowie Ergebnisse ist erstellt worden (vgl. Tabelle 6).

Tabelle 6: Experimentelle Ergebnisse für das MEA-$CO_2$-System gemäß (Notz, 2010).

| RUN | A1 | A2 | A3 | A4 | A5 | A6 | A7 | A8 | A9 | A10 |
|---|---|---|---|---|---|---|---|---|---|---|
| Gasstrom / kg h⁻¹ | 72,0 | 72,4 | 72,1 | 71,8 | 71,8 | 72,1 | 72,1 | 72,3 | 72,3 | 71,7 |
| Absorbensstrom / kg h⁻¹ | 200,1 | 200,0 | 200,0 | 200,0 | 200,0 | 200,0 | 200,0 | 199,9 | 200,0 | 199,6 |
| MEA-Konzentration / g g⁻¹ | 0,275 | 0,284 | 0,287 | 0,278 | 0,284 | 0,286 | 0,281 | 0,294 | 0,296 | 0,274 |
| Gas $CO_2$-Konz. Sumpf (0,0 m) | 0,085 | 0,165 | 0,055 | 0,088 | 0,130 | 0,198 | 0,166 | 0,164 | 0,165 | 0,087 |
| Gas $CO_2$-Konz. Kopf (4,2 m) | 0,022 | 0,088 | 0,009 | 0,022 | 0,056 | 0,124 | 0,106 | 0,045 | 0,023 | 0,029 |
| Fl. $CO_2$-Konz. Kopf (4,2 m) | 0,052 | 0,063 | 0,048 | 0,054 | 0,063 | 0,065 | 0,072 | 0,048 | 0,031 | 0,059 |
| Fl. $CO_2$-Konz. Sumpf (0,0 m) | 0,074 | 0,092 | 0,062 | 0,076 | 0,089 | 0,092 | 0,093 | 0,089 | 0,079 | 0,078 |
| Gas Temp. Sumpf (0,0 m) | 48,0 | 48,2 | 40,6 | 47,9 | 48,2 | 48,2 | 47,8 | 48,0 | 48,1 | 48,1 |
| Gas Temp. Kopf (4,2 m) | 50,8 | 55,7 | 44,1 | 51,0 | 48,1 | 55,5 | 51,8 | 62,0 | 64,4 | 49,7 |
| Fl. Temp. Kopf (4,2 m) | 40,0 | 40,0 | 39,7 | 39,9 | 40,1 | 40,1 | 40,0 | 40,2 | 40,2 | 39,9 |
| Fl. Temp. Sumpf (0,0 m) | 53,4 | 52,9 | 46,4 | 51,7 | 51,8 | 52,2 | 52,2 | 54,3 | 53,5 | 53,1 |

---

[89] (Notz, 2010)

Die zehn aufgezeigten Testläufe sind durch entsprechende Simulationen abgebildet worden.

Hierbei haben sich für die simulierten Absorptionsraten $\Psi_{abs}$ im Vergleich zu den experimentell ermittelten Werten sehr gute Übereinstimmungen ergeben. In allen Fällen wird eine Übereinstimmung mit einer Abweichung < 10 % erzielt. Eine graphische Illustration der Ergebnisse bietet hierzu die Abbildung 19.

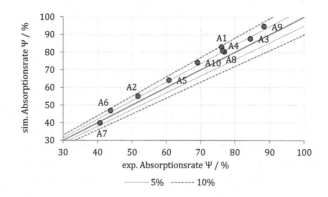

Abbildung 19: Parity Plot - Absorptionsrate $\Psi_{abs}$ aller Testläufe A1 – A10.

Anhand Abbildung 19 ist ersichtlich, dass die durch die Simulation erhaltenen Absorptionsraten $\Psi_{abs}$ allesamt (Ausnahme: A7) oberhalb der experimentell ermittelten Werte liegen. Eine kritische Bewertung des Modells hat gezeigt, dass die effektive Stoffaustauschfläche $a_e$ durch die in dem Modell genutzte Korrelation leicht überschätzt wird. Eine prozentuale Verminderung des entsprechenden Wertes (-10 % & -20 %) hat die sehr gute Übereinstimmung zwischen experimenteller und simulationsbasierter Untersuchung noch verbessern können.

Eine weitere wichtige Modellgröße ist die Temperatur, da die Absorption mit ihren exotherm ablaufenden Reaktionen in Bezug auf das chemische Gleichgewicht stark beeinflusst wird. Auch hierzu sind für die jeweiligen Testläufe Temperaturprofile erstellt worden.

Die Prädiktion der Austrittstemperaturen für Gas- und Flüssigphase auf Simulationsbasis im Vergleich zu den experimentell bestimmten Werten können den Abbildungen 20 und 21 entnommen werden.

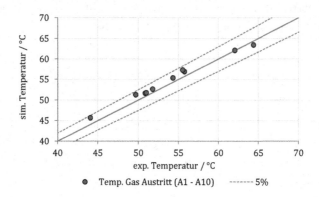

Abbildung 20: Parity Plot – Austrittstemperatur Gas aller Testläufe A1 – A10.

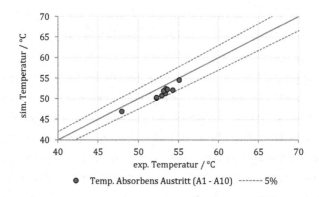

Abbildung 21: Parity Plot – Austrittstemperatur Absorbens aller Testläufe A1 – A10.

Auch an dieser Stelle lässt sich festhalten, dass die experimentell ermittelten Größen sehr gut (Abweichung < 5 %) durch die Simulation abgebildet werden.

## 3.5.2 AMP-CO₂-System

Tabelle 7: Experimentelle Ergebnisse für das AMP-CO$_2$-System.

| RUN | R1 | R2 | R3 | R4 | R5 | R6 | R7 | R8 | R9 | R10 | R11 |
|---|---|---|---|---|---|---|---|---|---|---|---|
| Gasstrom / m$^3$ h$^{-1}$ | 146 | 140 | 121 | 119 | 121 | 123 | 118 | 122 | 123 | 119 | 122 |
| Absorbensstrom / l min$^{-1}$ | 3.00 | 6.00 | 6.00 | 3.00 | 3.00 | 6.00 | 3.00 | 6.00 | 3.00 | 3.00 | 6.00 |
| AMP-Konzentration / mol l$^{-1}$ | 2.83 | 2.85 | 2.85 | 2.89 | 2.89 | 2.89 | 2.89 | 2.89 | 2.89 | 2.89 | 2.89 |
| Gas CO$_2$-Konz. Sumpf / vol.-% | 2.62 | 2.38 | 4.17 | 9.28 | 4.81 | 4.58 | 12.96 | 7.39 | 4.90 | 11.33 | 10.27 |
| Gas CO$_2$-Konz. Kopf / vol.-% | 1.69 | 1.26 | 2.36 | 6.51 | 3.29 | 2.90 | 9.83 | 5.34 | 4.03 | 9.20 | 8.01 |
| Flüssigkeit CO$_2$-Konz. Kopf | 0.072 | 0.095 | 0.084 | 0.118 | 0.142 | 0.147 | 0.170 | 0.219 | 0.309 | 0.272 | 0.284 |
| Flüssigkeit CO$_2$-Konz. Sumpf | 0.178 | 0.151 | 0.169 | 0.379 | 0.282 | 0.226 | 0.459 | 0.327 | 0.398 | 0.479 | 0.400 |
| Temperatur / °C | | | | | | | | | | | |
| Gas Sumpf | 40 | 41 | 39 | 41 | 40 | 41 | 41 | 39 | 40 | 39 | 39 |
| z = 0,100 m | 40.69 | 43.30 | 45.25 | 43.47 | 41.72 | 45.78 | 43.66 | 45.63 | 41.16 | 41.04 | 46.04 |
| z = 1,165 m | 42.34 | 46.64 | 51.05 | 47.15 | 44.52 | 50.83 | 47.48 | 51.67 | 43.12 | 44.63 | 52.29 |
| z = 2,230 m | 43.50 | 47.88 | 52.88 | 50.07 | 46.64 | 52.22 | 50.68 | 53.89 | 44.45 | 47.40 | 54.79 |
| z = 3,295 m | 44.68 | 46.18 | 49.14 | 53.01 | 48.55 | 48.50 | 54.07 | 50.39 | 45.71 | 50.28 | 52.51 |
| z = 4,360 m | 43.15 | 42.11 | 42.48 | 49.75 | 45.32 | 41.89 | 51.17 | 41.79 | 42.62 | 46.57 | 42.68 |
| Gas Kopf | 43 | 42 | 43 | 49 | 45 | 43 | 51 | 42 | 43 | 47 | 43 |
| Flüssigkeit Kopf | 40 | 41 | 41 | 40 | 41 | 41 | 41 | 40 | 40 | 40 | 40 |
| Flüssigkeit Sumpf | 40 | 42 | 43 | 43 | 41 | 43 | 43 | 43 | 41 | 40 | 44 |

Die Validierung des AMP-CO$_2$-Modells soll anhand experimenteller Daten von (Gabrielsen, et al., 2007) vorgenommen werden. Die Ergebnisse der experimentellen Untersuchung können hierbei der Tabelle 7 entnommen werden.

Für weitere Erläuterungen zum experimentellen Aufbau sowie den Versuchs-durchführungen sei an dieser Stelle auf das Werk selbst verwiesen.

Die experimentellen Daten decken vier unterschiedliche Wertebereiche von CO$_2$-Konzentrationen im Rohgas ab. Zudem werden zwei unterschiedliche Zirkula-tionsströme an Absorbens betrachtet. Für die umlaufende Menge an Absorbens hat sich bei einem Volumenstrom von 3 l/min eine Flutung der Kolonne von rund 70%, bei dem von 6 l/min eine von rund 80% ergeben. Diese Gegebenheiten lassen sich in dem Modell der Kolonne mit einer strukturierten Packung mittels der Korrelation nach (Billet & Schultes, 1999) abbilden.

In der Veröffentlichung von (Gabrielsen, et al., 2007) wird eine ausführliche Diskussion hinsichtlich der verwendeten Korrelationen zur Berechnung der Stofftransportkoeffizienten sowie der effektiven Stoffaustauschfläche vorgenommen. Für die experimentellen Untersuchungen ist hierbei in der Absorptionskolonne eine strukturierte Packung des Typs Sulzer Mellapak 250Y (Oberfläche: 250 $m^2/m^3$) verwendet worden. Dieser Einbautentyp ist ebenfalls in dem Modell der Kolonne für die Simulation implementiert. Die Korrelationen nach (Billet & Schultes, 1999) sowie (Rocha, et al., 1993) und (Rocha, et al., 1996) sind hierbei intensiv miteinander verglichen worden. Aus den Beobachtungen nach (Gabrielsen, et al., 2007) ist abgeleitet worden, dass das AMP-$CO_2$-System sich gut durch die Korrelationen nach (Billet & Schultes, 1999) für die Stoffaustauschkoeffizienten ($k_L$ und $k_G$) sowie die hydrodynamischen Effekte des Hold-ups und Druckverlustes abbilden lassen. Für die effektive Stoffaustauschfläche ($a_e$) hat sich in Einklang mit den Erkenntnissen aus (von Harbou, et al., 2014) gezeigt, dass die Korrelation nach (Billet & Schultes, 1999) starke Abweichungen $\left(a_e \left(3 \frac{l}{min}\right) = 110 \frac{m^2}{m^3} \; und \; a_e \left(6 \frac{l}{min}\right) = 140 \frac{m^2}{m^3}\right)$ zu dem optimalen Wert der Sulzer Mellapak 250Y von 250 $m^2/m^3$ aufweist. In einigen Werken (siehe z.B. (von Harbou, et al., 2014)) wird eine Empfehlung ausgesprochen, welche sich auf die Korrelation nach (Tsai, et al., 2011) zur Berechnung der effektiven Stoffaustauschfläche bezieht. Insbesondere zur Modellierung von Kolonnen mit einer strukturierten Packung des Typs Sulzer Mellapak 250Y liefert diese im Abgleich mit experimentellen Erkenntnissen sowie Erfahrungswerten gute Ergebnisse. Wie bereits in Kapitel 2.2.4 beschrieben wird diese Korrelation in Kombination mit denen von (Billet & Schultes, 1999) für beide Systeme verwendet.

Für die Validierung sind von den oben genannten Testläufen (siehe Tabelle 7) drei repräsentative ausgewählt und betrachtet worden. Diese sind im Folgenden die Testläufe *R4, R7* und *R9*. Diese drei sind als Basis für die Validierung ausgewählt worden, da sie unterschiedliche Wertebereiche hinsichtlich der $CO_2$-Beladung im Abgas abdecken. Als Anmerkung sei an dieser Stelle angefügt, dass die Analyse des Gasstroms in den experimentellen Untersuchungen auf trockener Basis vorgenommen worden ist. Als Gründe nennt (Gabrielsen, et al., 2007) begrenzte Einsatzmöglichkeiten des Analyse-Equipments. In der Pilot-Anlage enthält das Gas jedoch einen gewissen Anteil an Wasser. Um einen Vergleich der experimentellen Ergebnisse mit denen der Simulation vornehmen zu können, muss daher zunächst der $H_2O$-Anteil am feuchten

Gesamtgasstrom in der Anlage berechnet werden. Die Berechnung kann unter der Annahme eines vorliegenden idealen Gases im Sättigungszustand mittels der Antoine-Gleichung (3.5.1)[90] vorgenommen werden. Liegt die Probe in reiner Gasphase vor, handelt es sich bei dem ermittelten Dampfdruck um den Partialdruck der entsprechenden Komponente. In einem geschlossenen System hingegen stellt sich nach einer gewissen Zeit ein Gleichgewicht zwischen der flüssigen und der gasförmigen Phase ein. Der Partialdruck einer entsprechenden Komponente wird hierbei als Dampfdruck bezeichnet, wobei i.A. die Bezeichnung Sättigungsdampfdruck oder auch Sattdampfdruck verwendet wird, um die Einstellung des Gleichgewichtzustandes hervorzuheben.

$$log_{10}(p_i^*(mmHg)) = A - \frac{B}{C+T(°C)} \qquad (3.5.1)$$

Der Sattdampfdruck $p_i^*$ der reinen Komponente i wird in Abhängigkeit der Temperatur bestimmt. Hierzu werden die experimentell ermittelten Antoine-Parameter für $H_2O$ benötigt (A, B und C). Diese haben sich bei $H_2O$ für T = [0; 100 °C] zu A = 8,07131, B = 1730,63 und C = 233,426 ergeben.[91]

In einem weiteren Schritt können nun die anteiligen Gasvolumenströme von $H_2O$, $CO_2$ sowie $N_2$ berechnet werden. Diese lassen sich dann über das ideale Gasgesetz in die entsprechenden Molenströme umrechnen. Über das Verhältnis der einzelnen Molenströme zum Gesamtmolenstrom lassen sich die entsprechenden Molenanteile in der Gasphase $y_i$ ermitteln. Diese Werte können als Eingangsparameter für die Simulation dienen und am Austritt der Kolonne als Vergleichsparameter herangezogen werden.

Gemäß der Diskretisierung der Absorberkolonne im Technikumsmaßstab (H: 4,36 m, D: 0,15 m) ist das Modell, welches in der Simulation betrachtet worden ist, durch folgende Modellparameter festgelegt: $N_{ax} = 30$, $N_{film} = 15$ sowie $m = 5$ (siehe Kapitel 3.4.2.1).

---

[90] (Sattler, 2001), S. 30

[91] (Sattler, 2001), S. 32

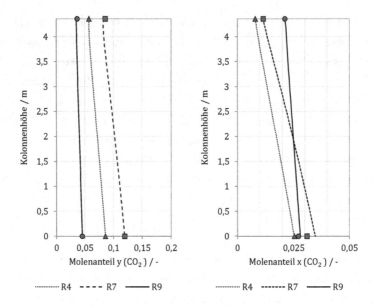

Abbildung 22: $CO_2$-Konzentrationsprofile für die simulierten (Linien) und experimentellen (Symbole) Ergebnisse für R4, R7 und R9 in der Gas- (links) und Flüssigphase (rechts).

In einem ersten Schritt soll die Absorptionsrate $\Psi_{abs}$ zwischen experimenteller und modellbasierter Untersuchung miteinander verglichen werden. Hierbei können zunächst die Konzentrationsprofile für $CO_2$ in der Gasphase als auch in der Flüssigphase (auch: Flüssigbeladung) betrachtet werden. Die entsprechenden Molenanteile $y_{CO_2}$ sowie $x_{CO_2}$ sind hierzu ermittelt worden (siehe Abbildung 22).

Aufgrund der Kenntnis von $y_{CO_2}$ am Austritt der Kolonne lässt sich mittels der Gl. (3.4.1) die Absorptionsrate $\Psi_{abs}$ berechnen. Hierbei haben sich für die drei Testläufe die experimentellen und modellbasierten Werte gemäß Tabelle 8 ergeben.

Tabelle 8: Vergleich experimenteller und modellbasierter Absorptionsrate $\Psi_{abs}$.

| Testlauf | $\Psi_{abs,exp.}$ / % | $\Psi_{abs,sim.}$ / % | rel. Abweichung $\Delta$ / % |
|----------|----------------------|----------------------|------------------------------|
| R4 | 32,85 | 32,94 | 0,27 |
| R7 | 28,40 | 30,95 | 8,98 |
| R9 | 18,87 | 21,76 | 15,32 |

Um einen Überblick hinsichtlich der Absorptionsrate $\Psi_{abs}$ für alle Testläufe zu geben, ist eine Übersicht gemäß Abbildung 23 erstellt worden.

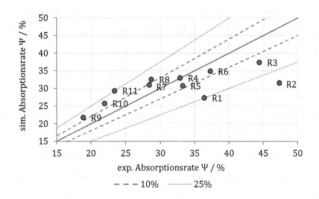

Abbildung 23: Parity Plot - Absorptionsrate $\Psi_{abs}$ aller Testläufe R1 – R11.

Der Abbildung 23 kann entnommen werden, dass die Absorptionsraten gut durch die Simulation wiedergegeben werden. Die größten Abweichungen treten hierbei insbesondere im Bereich sehr niedriger $CO_2$-Eintrittskonzentrationen (R1 – R3) auf. Da die Diskretisierung ebenfalls für geringe $CO_2$-Eintrittskonzentrationen anhand des Testlaufes R3 überprüft worden ist, lassen sich an dieser Stelle Fehler in der experimentellen Untersuchung vermuten. Ein Indiz hierfür kann über die Bilanzierung der Molenströme zwischen ein- und austretendem Gas- bzw. Absorbensstrom geliefert werden. Hierbei hat der Abgleich für die Testläufe R1-R3 Abweichungen im Bereich von 1,9 – 7,7 % zwischen der Reduktion an $CO_2$ im Gasstrom und der Zunahme an $CO_2$ im Absorbens feststellen können. Der Fehler kann sich u.a. durch fehlerbehaftete Messungen der Konzentrationen oder auch durch Verluste im geschlossenen System eingeschlichen haben. Hierbei werden in (Gabrielsen, et al., 2007) Verluste an $H_2O$ im Zyklus berichtet, welche zu einer Erhöhung der AMP-Konzentration in der Lösung führen und demnach die experimentell ermittelte Absorptionsrate $\Psi_{abs}$ zu hoch erscheinen lassen. Auf der anderen Seite wird ebenfalls das Modell aufgrund gewisser getroffener Annahmen sowie durch die Verwendung experimentell ermittelter Korrelationen fehlerbehaftet sein. Eine übereinstimmende Beobachtung zu (Gabrielsen, et al., 2007) kann an dieser Stelle genannt werden, dass insbesondere für die Simulation der Testläufe mit geringen $CO_2$-Eintrittskonzentrationen die Absorptionsrate $\Psi_{abs}$ durch das Modell unterschätzt wird. Als Ursache lässt sich hier die Berechnung der effektiven Stoffaustauschfläche $a_e$ durch die Korrelation nach (Tsai, et al., 2011) nennen. Hierbei sind negative Abweichungen bzgl. der tatsächlich zur Verfügung stehenden Austauschfläche zu erwarten, wie dies bereits für die Korrelation nach (Billet & Schultes, 1999) zur Berechnung von $a_e$ (siehe oben) gezeigt worden ist.

Eine weitere, wichtige Einflussgröße des Absorptionsprozesseses ist die Temperatur im Absorber. Aus diesem Grund sollen ebenfalls die aus dem Modell gewonnenen Temperaturprofile mit den vorhandenen, experimentell ermittelten Werten verglichen werden. Für die drei Testläufe R4, R7 sowie R9 sind die Temperaturprofile in Abbildung 24 zusammengestellt worden. Es zeigt sich, dass die Profile sehr gute Übereinstimmungen mit den experimentell ermittelten Datenpunkten zeigen.

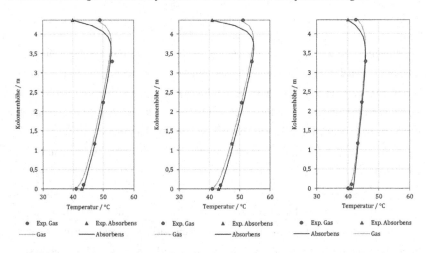

Abbildung 24: Temperaturprofile für die simulierten (Linien) und experimentellen (Symbole) Ergebnisse für R4 (links), R7 (Mitte) und R9 (rechts).

70

Für die Ermittlung der Temperaturprofile können Unsicherheiten bei Verwendung der Platin-Widerstandsthermometer (Pt-100) genannt werden. Nach *DIN IEC 751* sind Ungenauigkeiten für den Temperaturbereich von 0-100 °C von 0,15 K (Klasse A) bzw. 0,3 K (Klasse B) zulässig. Auch die Positionierung der Messstellen ist eine potentielle Fehlerquelle und muss daher immer kritisch betrachtet werden. Für die Arbeit von (Gabrielsen, et al., 2007) sind hierbei die Erkenntnisse nach (Tobiesen, et al., 2007), welche auf einen MEA-$CO_2$-Prozess beruhen, herangezogen worden, um die Fehler möglichst klein zu halten.

Um einen Überblick hinsichtlich der Austrittstemperaturen des Gases und des Absorbens für alle Testläufe zu geben, ist eine Übersicht in Form eines Parity-Plots gemäß Abbildung 25 und Abbildung 26 erstellt worden.

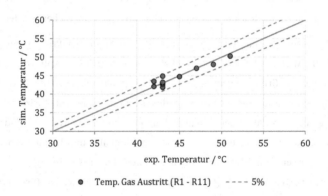

Abbildung 25: Parity Plot – Austrittstemperatur Gas aller Testläufe R1 – R11.

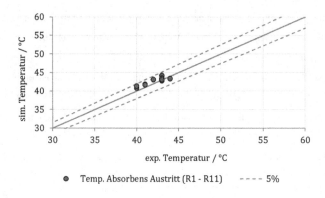

Abbildung 26: Parity Plot - Austrittstemperatur Absorbens aller Testläufe R1 – R11.

Die Abbildungen 25 und 26 illustrieren sehr schön, dass die Austrittstemperaturen beider Ströme sehr gut durch die Simulation abgebildet werden. An keiner Stelle treten hierbei Abweichungen > 5% auf, was als ein sehr guter Wert angesehen werden kann.

Für den Desorber, der im späteren Verlauf der Arbeit in den Prozess eingebunden werden soll, wird an dieser Stelle keine eigenständige, explizite Validierung vorgenommen. Der Grund hierfür ist, dass das Reaktionssystem AMP-$CO_2$-$H_2O$ bereits vollständig über den Absorber validiert worden ist. Im Desorber selbst wird lediglich die Umkehrung der im Absorber ablaufenden Reaktionen betrachtet. Zudem sind wesentliche Sektionen des Desorbers, welche mit Reboiler und Kondensator benannt werden können, erst im gesamten Modell enthalten (siehe Kapitel 3.1). Für den Fall einer eigenständigen Validierung sind experimentelle Daten in der Dissertation von (Gabrielsen, 2007) auf den Seiten 75 ff. gegeben.

Abschließend kann festgehalten werden, dass sich das AMP-$CO_2$-System sehr gut mittels des implementierten Reaktionssystems sowie der weiteren Korrelationen und Modellparameter abbilden lässt. Das Modell liegt nun in validierter Form vor und kann zur Parameterstudie genutzt werden.

# 4 Parameterstudien – MEA vs. AMP

Die nachfolgenden Untersuchungen werden allesamt anhand des geschlossenen Absorption-Desorption-Kreislaufprozesses vorgenommen. Eine separate Betrachtung der entsprechenden Apparate findet hierbei nicht statt, da sie aus den Erkenntnissen meiner Studienarbeit (siehe (Schmitz, 2014)) lediglich für erste Potentialabschätzungen neuer Absorbens sinnig ist. Eine Schlussfolgerung auf die industriellen Gegebenheiten sowie das Entwickeln von scale-up-Kritieren würde auf diese Art und Weise keinen Sinn machen, da in dem geschlossenen Kreislauf komplexe Phänomene interagieren, die sich in einer separaten Modellierung nicht darstellen lassen.

## 4.1 Betrachtung der *base case* Simulationen

Im Folgenden sollen zunächst die sogenannten *base case* Simulationen der jeweiligen Anwendungsfälle betrachtet werden, mit deren Hilfe im nächsten Abschnitt die Sensitivitätsanalyse durchgeführt werden kann. Zur Auswertung der komplexen Simulationen sind Tabellenkalkulationen erstellt worden, in denen die In- und Output-Parameter der jeweiligen Simulationen eingefügt werden können. Als Ergebnis lassen sich graphische Illustrationen, diverse Berechnungen (z.B. Absorptionsraten, Massenbilanzierungen, Energiebedarf u.v.m.) sowie Umrechnungen (z.B. molare in gewichtsbezogene Größen) vornehmen. Als Anmerkung sei an dieser Stelle angefügt, dass es sich bei beiden Systemen (AMP und MEA) zurzeit um einen noch *nicht optimierten* Fall handelt. Die Optimierung hinsichtlich Absorptionsrate, benötigter spezifischer Energie sowie einiger weiterer Parameter wird in Abschnitt 4.2 systematisch untersucht und in Abschnitt 4.3 durch geschickte Parameterkombinationen präzisiert.

Die Eingangsparameter sowie die Ergebnisse werden zur weiteren Benutzung in der Tabelle 9 übersichtlich dargestellt. Für die nachfolgenden Illustrationen in den Abschnitten 4.1.1 sowie 4.1.2 gelten hierbei die in Tabelle 9 genannten (Prozess-)Bedingungen.

Tabelle 9: Übersicht der base case Simulationen.

| Prozessgröße | Kohlebefeuerter Kraftwerksprozess | | Gasbefeuerter Kraftwerksprozess | |
|---|---|---|---|---|
| | MEA | AMP | MEA | AMP |
| Gassstrom / kg s$^{-1}$ | 201,20 | 201,20 | 276,66 | 276,66 |
| Absorbensstrom / kg s$^{-1}$ | 812,68 | 573,23 | 450,62 | 573,85 |
| L/G-Verhältnis / mol mol$^{-1}$ | 4,80 | 3,47 | 1,91 | 2,38 |
| $H_2O$-Makeup / kg s$^{-1}$ | 14,81 | 9,67 | 9,76 | 3,25 |
| *Temperaturen / °C* | | | | |
| Gas Eintritt | 41,93 | 41,93 | 54,28 | 54,28 |
| Gas Austritt | 62,86 | 57,44 | 55,78 | 49,99 |
| Absorbens Eintritt | 40,00 | 40,00 | 40,00 | 40,00 |
| Absorbens Austritt | 51,44 | 51,36 | 47,85 | 50,12 |
| Desorber Eintritt | 110,70 | 100,00 | 107,30 | 100,00 |
| Reboiler | 119,00 | 110,00 | 119,00 | 110,00 |
| Aminkonzentration / Gew.-% | 30,34 | 29,09 | 26,94 | 29,16 |
| Druck im Absorber / bar | 1,1 | 1,1 | 1,1 | 1,1 |
| Druck im Desorber / bar | 2 | 2 | 2 | 2 |
| Lean-Loading / mol mol$^{-1}$ | 0,2859 | 0,1866 | 0,2605 | 0,1882 |
| Rich-Loading / mol mol$^{-1}$ | 0,4921 | 0,5584 | 0,4698 | 0,3867 |
| Absorptionsrate / % | 86,09 | 71,98 | 87,99 | 78,88 |
| Desorptionsrate / % | 41,90 | 66,59 | 44,55 | 51,32 |
| *Wärmebedarf / MW* | | | | |
| Kondensator | -73,42 | -25,30 | -27,96 | -14,46 |
| Reboiler | 145,13 | 76,19 | 69,87 | 54,77 |
| Lean → Rich Wärmeübertrager | -221,79 | -140,47 | -127,03 | -142,51 |
| Rich → Lean Wärmeübertrager | 226,75 | 137,09 | 108,43 | 110,05 |
| Σ Wärmebedarf | 76,67 | 47,51 | 23,31 | 7,85 |
| Reboiler-Duty / kJ kg($CO_2$)$^{-1}$ | 3965,23 | 2489,53 | 3820,63 | 3340,41 |

Eine wichtige Prozessgröße ist die sogenannte Beladung, welche das Verhältnis zwischen den $CO_2$-enthaltenden Spezies und den Alkanolamin-enthaltenden Spezies wiedergibt.

Für den MEA-Fall ergibt sich die Beladung zu (4.1.1).

$$Beladung = \frac{[CO_2]+[HCO_3^-]+[CO_3^{2-}]+[MEACOO^-]}{[MEA]+[MEA^+]+[MEACOO^-]} / mol * mol^{-1} \qquad (4.1.1)$$

Aufgrund der ausbleibenden Entstehung stabiler Carbamat-Verbindungen für den AMP-Fall reduziert sich die Gl. (4.1.1) entsprechend Gl. (4.1.2).

$$Beladung = \frac{[CO_2]+[HCO_3^-]+[CO_3^{2-}]}{[AMP]+[AMP^+]} / mol * mol^{-1} \qquad (4.1.2)$$

Die Klassifizierung der Beladung wird unterteilt in das $CO_2$-arme (*lean loading*) und das $CO_2$-reiche/-beladene (*rich loading*) Amin. Das $CO_2$-arme Amin verlässt hierbei den Sumpf des Desorbers und wird im Kopf des Absorbers erneut eingesetzt. Das $CO_2$-reiche Amin hingegen verlässt den Sumpf des Absorbers und wird dem Desorber zur Regenerierung zugeführt.

Eine weitere an dieser Stelle eingeführte Größe ist die sogenannte *Reboiler Duty (RD)* (siehe (4.1.3)).

$$RD = \frac{P_{Reboiler}[MW]*1000\left[\frac{kW}{MW}\right]}{\dot{m}(CO_2)_{Absorber,ein}\left[\frac{kg}{s}\right]-\dot{m}(CO_2)_{Absorber,aus}\left[\frac{kg}{s}\right]} / kJ * kg_{CO2}^{-1} \qquad (4.1.3)$$

Diese Größe ist definiert als die im Reboiler sowie im LR-HE benötigte spezifische Leistung, bezogen auf die im Absorber und somit im Prozess zurückgehaltene $CO_2$-Menge. Der im LR-HE formulierte Wärmebedarf muss an dieser Stelle zwingend berücksichtigt werden, da die RD gemäß Definition den gesamten Wärmebedarf zur Desorption mit der absorbierten Menge an $CO_2$ ins Verhältnis stellt. Insbesondere bei nicht optimierter Betriebsweise des LR-HE kann sich ein Wärmebedarf aber auch Wärmeüberschuss in diesem ergeben. Dieser Aspekt ist daher in dem Wärmebedarf des Reboilers und damit in der RD berücksichtigt worden.

### 4.1.1 Kohlebefeuerter Kraftwerksprozess

Für den kohlebefeuerten Kraftwerksprozess hat sich die Absorptionsrate $\Psi_{abs}$ bei MEA zu *86,09 %*, bei AMP zu *71,98 %* ergeben. Im geschlossenen Kreislaufprozess wird dieser Wert bei einer Desorptionsrate $\Psi_{des}$ von *41,90 %* (MEA) bzw. *66,59 %* (AMP) realisiert.

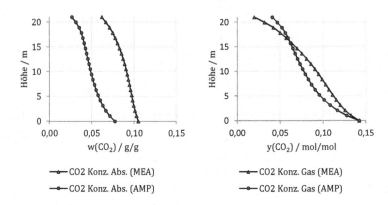

——— CO2 Konz. Abs. (MEA)      ——— CO2 Konz. Gas (MEA)

——— CO2 Konz. Abs. (AMP)      ——— CO2 Konz. Gas (AMP)

Abbildung 27: CO$_2$-Konzentrationsprofile des base case Kohle-Falls im *Absorber* für das Absorbens (links) und das Gas (rechts) (Bedingungen laut Tabelle 9).

Die entsprechenden CO$_2$-Konzentrationsprofile für den Ab- und Desorber, aufgetragen über die Kolonnenhöhe, lassen sich den Abbildungen 27 und 28 für die betrachteten Absorbens (links) und Gase (rechts) entnehmen.

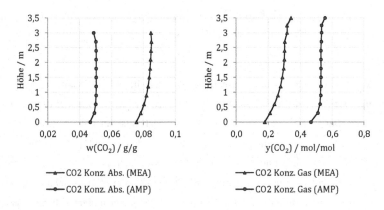

——— CO2 Konz. Abs. (MEA)      ——— CO2 Konz. Gas (MEA)

——— CO2 Konz. Abs. (AMP)      ——— CO2 Konz. Gas (AMP)

Abbildung 28: CO$_2$-Konzentrationsprofile des base case Kohle-Falls im *Desorber* für das Absorbens (links) und das Gas (rechts) (Bedingungen laut Tabelle 9).

Die Illustrationen in Abbildung 27 verdeutlichen, dass die Absorption insbesondere im Kopf und Sumpf der Kolonne ablaufen. Besonders gut lässt sich dieses Phänomen im AMP-Fall beobachten. Die Potentiale, welche beide Absorbens gegenüber der *base case Simulation* noch besitzen, lassen sich gut an den Beladungen verdeutlichen. Für das *lean-loading* hat sich für das MEA ein Wert von *0,2859 mol/mol* ergeben, wohingegen das AMP einen Wert von *0,1866 mol/mol* erreicht. Diese Werte korrelieren mit den Werten der Desorptionsraten sowie den Beobachtungen gemäß Abbildung 28. Das *rich loading* ergibt sich zu *0,4921 mol/mol* (MEA) bzw. *0,5584 mol/mol* (AMP). Hier zeigt sich der deutlichste Unterschied zwischen den beiden Absorbens. Wie bereits in Kapitel 3.2 beschrieben, ist das Absorptionsvermögen im Gleichgewichtszustand je Mol an MEA auf ½ Mol an $CO_2$ begrenzt, wohingegen je Mol AMP 1 Mol $CO_2$ aufgenommen werden kann.

Weitere wichtige Erkenntnisse über den Kreislaufprozess bieten die Temperaturprofile, welche den Abbildungen 29 und 30 entnommen werden können.

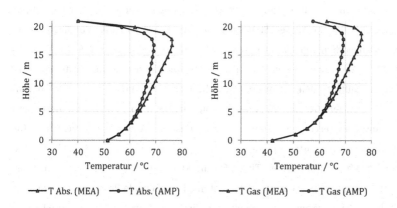

Abbildung 29: Temperaturprofile des base case Kohle-Falls im *Absorber* für das Absorbens (links) und das Gas (rechts) (Bedingungen laut Tabelle 9).

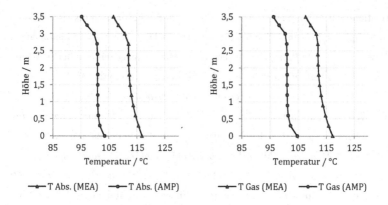

Abbildung 30: Temperaturprofile des base case Kohle-Falls im *Desorber* für das Absorbens (links) und das Gas (rechts) (Bedingungen laut Tabelle 9).

Insbesondere die Temperaturprofile gemäß Abbildung 29 unterstreichen die These, dass der Großteil der Absorption im Bereich des Kopfes der Kolonne abläuft. Erste Beobachtungen, die an dieser Stelle noch nicht als ein direkter Vergleich beider Absorbens angesehen werden dürfen, zeigen, dass das Temperaturprofil im MEA-Fall eine stärkere Ausprägung als im AMP-Fall besitzt. Dies lässt sich u.a. auf die im MEA-$CO_2$-System auftretenden, stärkeren exothermen Reaktionen und die daraus resultierende, höhere Gesamtreaktionsenthalpie zurückführen. Als Ergebnis dieser lässt sich ein ausgeprägterer Temperaturanstieg in Gas und Absorbens verzeichnen. Die entsprechende Austrittstemperatur des Gases ($T_{Gas,MEA} = 62{,}86 \,°C$ bzw. $T_{Gas,AMP} = 57{,}44 \,°C$) bekräftigt diese These. Ein direkter Vergleich beider Absorbens ist an dieser Stelle, wie bereits erwähnt, noch nicht möglich, da beide Profile sowohl von den Verhältnissen der molaren, gasförmigen und flüssigen Ströme (L/G-Verhältnis) sowie auch von der Konzentration des Absorbens in Lösung im großen Maße abhängig sind. Eine abschließende Beurteilung lässt sich erst in Kapitel 4.3 vornehmen.

Zur Betrachtung der Flüssig- und Gasbelastung der Absorptionskolonne kann die Abbildung 31 hinzugezogen werden.

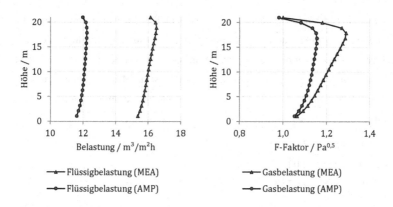

Abbildung 31: Flüssig- (links) und Gasbelastung (rechts) im *Absorber* für den base case Kohle-Fall (Bedingungen laut Tabelle 9).

Abbildung 31 illustriert die Tatsache, dass für den MEA-Fall im Zuge der base case Simulationen ein höherer Absorbensstrom als für den AMP-Fall verwendet worden ist. Zudem lässt sich unter Zuhilfenahme der Flüssig- und Gasbelastung entnehmen, dass im MEA-Fall die Gasproduktion zum Kopf der Kolonne hin stärker zunimmt als dies bei dem AMP-Fall der Fall ist. Die Beobachtung korreliert mit der Tatsache einer erhöhten Temperaturzunahme, welche durch die Temperaturprofile aus Abbildung 29 veranschaulicht wird. Ein entsprechend gleichmäßigere Flüssigkeitsbelastung bei dem AMP-Fall über die Höhe der Kolonne gesehen ist die Folge und lässt sich sehr schön der Illustration (links) entnehmen.

Die Gasbelastung lässt sich in der Verfahrenstechnik gemäß Gl. (2.2.15) zu $F_V = u_V \sqrt{\rho_V}$ berechnen. Der Berechnung kann entnommen werden, dass die Gasbelastung mit steigender Gasgeschwindigkeit zunimmt. Diese Aussage geht mit einer zunehmenden Gasmenge oder einem abnehmendem Kolonnendurchmesser einher. Der F-Faktor trifft Aussagen über die fluiddynamischen Verhältnisse in der Kolonne. Insbesondere für die Absorption im Gegenstrombetrieb, wie es bei dieser Arbeit der Fall ist, kann eine falsche Dimensionierung des Kolonnendurchmessers bei gegebener Gasmenge enorme Auswirkungen haben. Als negatives Beispiel lässt sich an dieser Stelle insbesondere der Tröpfchenmitriss an Absorbens durch das aufströmende Gas anfügen. Hierdurch wird bereits beladenes Absorbens in das Gebiet des Absorbenszulauf befördert und im schlimmsten Fall sogar mit dem Abgas aus dem Kopf des Absorbers ausgeschleust. Erstgenannter Aspekt kann die Trennleistung insbesondere im Kopf der Kolonne verringern, zweitgenannter geht mit Absorbensverlusten einher und unterstreicht nochmals den Bedarf eines sogenannten *Scrubbers* zur Aminrückgewinnung. In der Literatur finden sich typische Werte für die F-Faktoren für die Absorption sowie Rektifikation in unterschiedlichen Druckbereichen wie folgt[92]:

- Vakuum: $\quad$ 3,0 $Pa^{0,5}$

- Normdruck: $\quad$ 2,0 $Pa^{0,5}$

- Überdruck: $\quad$ 1,5 $Pa^{0,5}$

Aus Abbildung 31 ist ersichtlich, dass für beide untersuchten Fälle der F-Faktor an keiner Stelle zu hoch ist, sodass die Gefahr sowohl der Rückvermischung als auch der Tröpfchenausschleusung als minimal angesehen werden können.


Zum Schluss sollen noch einige Überlegungen zur energetischen Effizienz geäußert werden, welche aus den Wärmebedarfen sowie der *Reboiler Duty* (siehe Tabelle 9) gewonnen werden können. Für den MEA-Fall lässt sich erkennen, dass der Wärmebedarf im Reboiler ($T_{Reboiler}$ = 119 °C) im Zuge der *base case* Simulationen mit *145,13 MW* bereits *90,48 %* über dem für den AMP-Fall ($T_{Reboiler}$ = 110 °C) mit *76,19 MW* liegt. Bei den aufgezeigten Ab- und Desorptionsraten wirkt sich dieser Wert auf die entsprechende *Reboiler Duty* beider Fälle aus, sodass sich diese zu *3965,23 kJ/kg($CO_2$)* (MEA) bzw. *2489,53 kJ/kg($CO_2$)* (AMP) ergibt. Die Tatsache, dass die im Kondensator benötigte Kühlleistung für den MEA-Fall *(-73,42 MW)* *190,20 %* über der für den AMP-Fall *(-25,30 MW)* liegt, lässt sich auf die entsprechend erhöhte Reboiler Temperatur und der damit erhöhten Gasmenge (insbesondere: $H_2O$) zurückführen.

Abschließend lassen sich wichtige und interessante Erkenntnisse aus dem LR-HE ableiten. Durch geschickte Wahl der Pinch-Temperatur im LR-HE lässt sich dieser Wert bei Annahme optimaler Wärmeübertragung verbessern und der Gesamtenergiebedarf somit reduzieren.

---

[92] (Goedecke, 2011)

## 4.1.2 Gasbefeuerter Kraftwerksprozess

Für den gasbefeuerten Kraftwerksprozess hat sich die Absorptionsrate $\Psi_{abs}$ zu *87,99 %* (MEA) bzw. zu *78,88 %* (AMP) ergeben bei einer vorhandenen Desorptionsrate $\Psi_{des}$ von *44,55 %* (MEA) bzw. *51,32 %* (AMP).

Die entsprechenden $CO_2$-Konzentrationsprofile über die Kolonnenhöhe aufgetragen lassen sich den Abbildungen 32 und 33 für die jeweiligen Absorbens (links) und Gase (rechts) entnehmen.

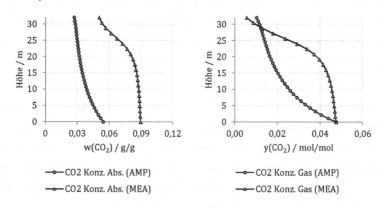

Abbildung 32: $CO_2$-Konzentrationsprofile des base case Gas-Falls im *Absorber* für das Absorbens (links) und das Gas (rechts) (Bedingungen laut Tabelle 9).

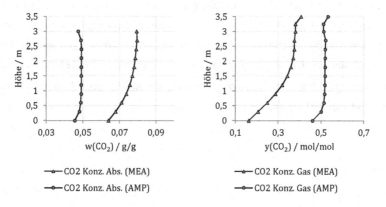

Abbildung 33: $CO_2$-Konzentrationsprofile des base case Gas-Falls im Desorber für das Absorbens (links) und das Gas (rechts) (Bedingungen laut Tabelle 9).

Die Abbildung 32 verdeutlicht sehr schön, dass die Absorption für den MEA-Fall vor allem im Kopf der Kolonne stattfindet, wohingegen für den AMP-Fall die signifikante $CO_2$-Reduktion vor allem im unteren Bereich der Kolonne abläuft.

Besonders deutlich lässt sich dieses Phänomen in den jeweiligen Gas-Konzentrationen beobachten. Die Potentiale, welche beide Absorbens gegenüber der *base case Simulation* noch besitzen, lassen sich auch hier an den Beladungen verdeutlichen. Für das *lean-loading* hat sich für das MEA ein Wert von *0,2605 mol/mol* ergeben, wohingegen das AMP einen Wert von *0,1882 mol/mol* erreicht. Das *rich loading* ergibt sich zu *0,4698 mol/mol* (MEA) bzw. *0,3867 mol/mol* (AMP). Ein gegenüber dem kohlebefeuerten Fall verminderter Wert des *rich loading* in beiden Absorbens-Fälle resultiert aus der geringeren $CO_2$-Konzentration (vgl. $CO_2$-Partialdruck) des eintretenden Rohgases (siehe Tabelle 5) und dem damit verringerten (notwendigen) treibenden Gefälle.

Für den AMP-Fall ist diese Verminderung ausgeprägter als für den MEA-Fall, sodass sich bereits an dieser Stelle erste Erkenntnisse über die Eignung der jeweiligen Absorbens für die entsprechenden Kraftwerks-Anwendungsfälle gewonnen werden können. Entsprechend lässt sich formulieren, dass die Abhängigkeit des $CO_2$-Aufnahmebestrebens vom $CO_2$-Partialdruck des eintretenden Rohgases für den AMP-Fall ausgeprägter ist als für den MEA-Fall.

Eine hieraus resultierende Präferenz des Alkanolamins AMP für den Einsatz in Rohgasen mit mittleren bis hohen $CO_2$-Partialdrücken ist die Folge, wohingegen das Alkanolamin MEA auch für geringe $CO_2$-Partialdrücke entsprechende Leistungen zeigt. Zwar ist die Absorptionsrate für AMP im gasbefeuerten Fall mit *78,88 %* relativ gesehen um *9,59 %* höher als die für den kohlebefeuerten Fall mit *71,98 %*, bedarf jedoch auch einer signifikant erhöhten *Reboiler Duty* ($RD_{AMP,Kohle} = 2489,53 kJ/kg(CO_2)$) bzw. $RD_{AMP,Gas} = 3340,41 kJ/kg(CO_2)$) um *34,18 %*.

Die Temperaturprofile lassen sich den Abbildungen 34 und 35 entnehmen.

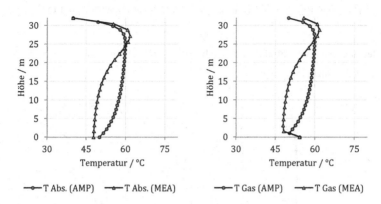

Abbildung 34: Temperaturprofile des base case Gas-Falls im *Absorber* für das Absorbens (links) und das Gas (rechts) (Bedingungen laut Tabelle 9).

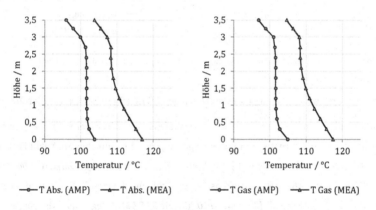

Abbildung 35: Temperaturprofile des base case Gas-Falls im *Desorber* für das Absorbens (links) und das Gas (rechts) (Bedingungen laut Tabelle 9).

Auch hier wird anhand Abbildung 34 besonders deutlich, dass der AMP-Fall verglichen mit dem MEA-Fall reaktionsträger ist. Die Betrachtung der Gas-Temperatur (rechts) für den MEA-Fall (Dreieck) zeigt sehr schön, dass die Temperatur des Gases sich schnell (bereits im Sumpf der Kolonne) der Temperatur der Absorbens anpasst (Ursache: geringe Wärmekapazitäten des Gases). Die verminderte bis gar ausbleibende Aufnahme von $CO_2$ für den MEA-Fall im Sumpf der Absorberkolonne lässt sich sehr gut am

Temperaturprofil des Absorbens (links/Dreieck) erkennen, da keine spürbare Zunahme der Temperatur durch ausbleibende, freiwerdende Reaktionsenthalpien in dieser Zone auftritt.

Zur Betrachtung der Flüssig- und Gasbelastung der Absorptionskolonne kann die Abbildung 36 hinzugezogen werden.

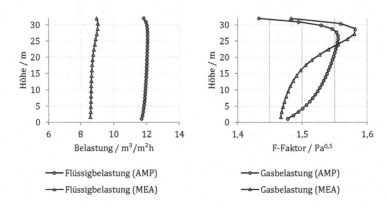

Abbildung 36: Flüssig- (links) und Gasbelastung (rechts) im *Absorber* für den base case Gas-Fall (Bedingungen laut Tabelle 9).

Die Ausführungen zu Abbildung 36 lassen sich gemäß Abschnitt 4.1.1 formulieren.

Abschließend sollen auch für den gasbefeuerten Kraftwerksfall ergänzende Betrachtungen der energetischen Effizienz getätigt werden. Für den MEA-Fall lässt sich erkennen, dass der Wärmebedarf im Reboiler ($T_{Reboiler}$ = 119 °C) im Zuge der *base case* Simulationen mit *69,87 MW* im Gegensatz zum kohlebefeuerten Fall lediglich *27,57 %* über dem für den AMP-Fall ($T_{Reboiler}$ = 110 °C) mit *54,77 MW* liegt. Bei aufgezeigten Ab- und Desorptionsraten wirkt sich dieser Wert auf die entsprechende *Reboiler Duty* beider Fälle aus, sodass sich diese zu *3820,63 kJ/kg(CO₂)* (MEA) bzw. *3340,41 kJ/kg(CO₂)* (AMP) ergibt.

Im Vergleich zum kohlebefeuerten Fall ist die *Reboiler Duty* für beide Absorbens Fälle unter Berücksichtigung der Ab- und Desorptionsrate als höher anzusehen. Als Begründung lassen sich die bereits oben genannten Ausführungen zu den Beladungen heranziehen. Als Ergänzung lässt sich an dieser Stelle jedoch anfügen, dass mit steigender Beladung ebenfalls der $CO_2$-Partialdruck im Gleichgewicht zunimmt, sodass weniger Dampf als treibendes Medium für den Phasenübergang des $CO_2$ im Desorber benötigt wird. Entsprechend reduziert sich an dieser Stelle auch der Wärmebedarf im Reboiler.

Des Weiteren ist die im Kondensator benötigte Kühlleistung für den MEA-Fall *(-27,96 MW)* 93,36 % größer als diejenige für den AMP-Fall *(-14,46 MW)*. Die Untersuchungen des LR-HE lassen auch hier wichtige Rückschlüsse zu.

In beiden Fällen wird im Zuge der *base case* Simulationen ein Überschuss an enthaltener Energie im regenerierten Aminstrom, ausgedrückt durch einen entsprechenden Kühlbedarf im LR-HE, aufgezeigt. Durch eine entsprechende Wahl der Pinch-Temperatur im LR-HE lassen sich auch hier diese Wert bei Annahme optimaler Wärmeübertragung weiter verbessern.

## 4.2 Sensitivitätsanalyse – Untersuchung ausgewählter Einflussparameter

Für die Untersuchung der Sensitivität des Systems bei Variation ausgewählter Modellparameter soll der *kohlebefeuerte Kraftwerksprozess gemäß base case Simulation* (siehe Abschnitt 4.1.1) hinzugezogen werden. Hierbei werden sowohl der MEA- als auch der AMP-Fall ausgiebig untersucht. Die so gewonnenen Erkenntnisse lassen sich entsprechend auf den gasbefeuerten Kraftwerksprozess übertragen, da die prozentualen Änderungen bei Variation der entsprechenden Parameter dokumentiert werden. Einige wenige Studien, die ebenfalls Untersuchungen mittels modellbasierter Simulationen vorgenommen haben (z.B. MEA-$CO_2$-System am Beispiel eines kohle- und gasbefeuerten Kraftwerks (Kothandaraman, 2010)), haben gezeigt, dass die prozentualen Änderungen für beide Anwendungsfälle entsprechend gleich sind und die Übertragung der Ergebnisse daher leicht möglich ist. Die Reduzierung der Sensitivitätsanalyse auf den Anwendungsfall des kohlebefeuerten Kraftwerks ist daher legitim.

Für die Durchführung der Sensitivitätsanalyse haben sich für das Simulationstool ACM zwei Methoden etabliert. Zum einen kann das implementierte Analysetool *Homotopy*, welches eine systematische Analyse mittels Variation ausgewählter Modellparameter ermöglicht, genutzt werden. Hierbei ist darauf zu achten, dass die betrachteten Größen sogenannte *fixed* Parameter darstellen, welche mittels Vorgabe durch den Nutzer zu Beginn definiert worden sind. Die weitere Methode stellt die klassische Simulation mittels Neuberechnung des gesamten Kreislaufprozesses nach einem vollständigen Reset dar. Hierzu müssen die entsprechenden, gewünschten Modellparameter zu Beginn in das Modell eingearbeitet werden. ACM löst in beiden Fällen schrittweise die vorhandenen Gleichungssysteme, der zuletzt betrachtete Anwendungsfall wird bei Nutzung der *Homotopy* jedoch als Ausgangspunkt genutzt.

Zur Verifizierung der Ergebnisse ist die Diskretisierung des geschlossenen Absorption-Desorption-Kreislaufprozesses für ausgewählte Extremwerte (z.B. sehr hohe Aminkonzentration in Lösung) überprüft worden. Am Beispiel des AMP-$CO_2$-Systems haben sich im Kohle-Fall bei einer Erhöhung der axialen Diskrete auf 30 (+10) maximale Änderungen der Absorptionsrate von lediglich -0,6 %, bei Erhöhung der radialen Filmsegmente auf 10 (+3) von lediglich -0,35 % ergeben. Sowohl die Variation an axialen Diskreten als auch die Festlegung der Anzahl an radialen Filmsegmenten im Desorber hatte keine signifikante Auswirkung (<< %-Bereich) auf die Ergebnisse. Die Wahl der Diskrete gemäß Kapitel 3.4 kann daher als konsistent betrachtet werden.

Mit Hilfe der Kenntnisse hinsichtlich der Sensitivität des Modells lassen sich im nächsten Abschnitt 4.3 die Optimierungen der Parameter für die jeweiligen Kraftwerksfälle unter Anwendung der entsprechenden Alkanolamine (MEA und AMP) vornehmen.


### 4.2.1 Absorberhöhe

Die Höhe des Absorbers (bei konstantem Kolonnendurchmesser) ist als erster Modellparameter untersucht worden. Hierbei sind die weiteren Prozessparameter wie Drücke im Ab- und Desorber, die Temperatur des eintretenden Absorbens sowie im Reboiler, das L/G-Verhältnis sowie die Konzentration des Alkanolamins in Lösung konstant gehalten worden. Diese Vorgehensweise wird in äquivalenter Art und Weise für die nachfolgenden Parameter durchgeführt, mit Variation des entsprechend genannten Parameters.

Die Ergebnisse der Untersuchung bezüglich der Absorberhöhe im MEA-$CO_2$-System können der Tabelle 10 für die Ab-/Desorptionseffizienz sowie der Tabelle 11 für die energetischen Betrachtung entnommen werden. Die Abbildungen 37 und 38 illustrieren die Ergebnisse für Ab- und Desorptionsrate, *lean* und *rich loading* sowie der *Reboiler Duty* in Abhängigkeit von der Höhe des Absorbers. Entsprechende Übersichten und Illustrationen für das AMP-$CO_2$-System sind in dem Abschnitt 4.2.1.2 aufgeführt.

Tabelle 10: Ergebnisse der Ab-/Desorptionseffizienz bei Variation der Absorberhöhe (MEA).

| Absorberhöhe / m | 5 | 10 | 15 | 21 | 30 | 40 | 50 | 60 | 75 | 100 |
|---|---|---|---|---|---|---|---|---|---|---|
| Absorptionsrate / % | 78,40 | 82,62 | 84,64 | 86,09 | 87,43 | 88,36 | 89,01 | 89,51 | 90,09 | 90,80 |
| Δ(Absorptionsrate) / % | - | 5,38 | 2,44 | 1,71 | 1,56 | 1,07 | 0,74 | 0,56 | 0,64 | 0,79 |
| Desorptionsrate / % | 39,70 | 40,92 | 41,50 | 41,90 | 42,27 | 42,52 | 42,70 | 42,83 | 42,99 | 43,17 |
| Δ(Desorptionsrate) / % | - | 3,10 | 1,40 | 0,97 | 0,88 | 0,60 | 0,42 | 0,31 | 0,36 | 0,44 |
| Rich loading / mol $mol^{-1}$ | 0,4731 | 0,4836 | 0,4885 | 0,4921 | 0,4954 | 0,4976 | 0,4993 | 0,5005 | 0,5019 | 0,5036 |
| Lean loading / mol $mol^{-1}$ | 0,2854 | 0,2857 | 0,2859 | 0,2859 | 0,2860 | 0,2861 | 0,2861 | 0,2861 | 0,2862 | 0,2862 |
| Δ(RL-LL) / mol $mol^{-1}$ | 0,1878 | 0,1979 | 0,2027 | 0,2061 | 0,2093 | 0,2116 | 0,2131 | 0,2143 | 0,2157 | 0,2174 |
| Δ(Δ(RL-LL)) / % | - | 5,38 | 2,44 | 1,71 | 1,55 | 1,06 | 0,74 | 0,56 | 0,64 | 0,79 |

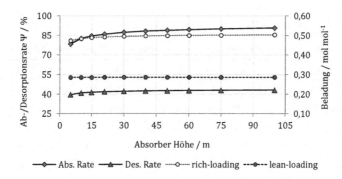

Abbildung 37: Darstellung der Ab-/Desorptionseffizienz bei Variation der Absorberhöhe (MEA).

Tabelle 11: Ergebnisse der energetischen Effizienz bei Variation der Absorberhöhe (MEA).

| Absorberhöhe / m | 5 | 10 | 15 | 21 | 30 | 40 | 50 | 60 | 75 | 100 |
|---|---|---|---|---|---|---|---|---|---|---|
| Kondensator / MW | -67,7 | -70,8 | -72,3 | -73,4 | -74,4 | -75,1 | -75,6 | -76,0 | -76,4 | -76,9 |
| RL-HE / MW | 212,8 | 220,9 | 224,4 | 226,8 | 228,9 | 230,4 | 231,5 | 232,3 | 233,3 | 234,5 |
| LR-HE / MW | -222,8 | -222,2 | -221,9 | -221,8 | -221,7 | -221,6 | -221,5 | -221,4 | -221,4 | -221,3 |
| Reboiler / MW | 134,1 | 140,2 | 143,1 | 145,1 | 147,0 | 148,3 | 149,2 | 149,9 | 150,7 | 151,7 |
| Summe / MW | 56,4 | 68,1 | 73,2 | 76,7 | 79,9 | 82,1 | 83,6 | 84,8 | 86,2 | 88,0 |
| Summe (LR-HE) / MW | -10,0 | -1,3 | 2,4 | 5,0 | 7,3 | 8,9 | 10,0 | 10,9 | 11,9 | 13,2 |
| Reboiler Duty / kJ kg($CO_2$)$^{-1}$ | 4023,7 | 3991,0 | 3975,5 | 3965,3 | 3955,2 | 3947,8 | 3942,7 | 3938,9 | 3934,9 | 3929,4 |
| $\Delta$(Reboiler Duty) / % | - | -5,27 | -0,24 | 0,54 | 0,44 | 0,28 | 0,21 | 0,16 | 0,21 | 0,31 |

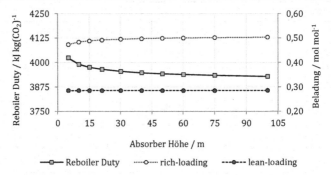

Abbildung 38: Darstellung der energetischen Effizienz bei Variation der Absorberhöhe (MEA).

## 4.2.1.2 Ergebnisse für AMP

Tabelle 12: Ergebnisse der Ab-/Desorptionseffizienz bei Variation der Absorberhöhe (AMP).

| Absorberhöhe / m | 5 | 10 | 15 | 21 | 30 | 40 | 50 | 60 | 75 | 100 |
|---|---|---|---|---|---|---|---|---|---|---|
| Absorptionsrate / % | 54,21 | 62,54 | 67,60 | 71,98 | 72,87 | 73,67 | 74,61 | 75,27 | 75,69 | 76,53 |
| $\Delta$(Absorptionsrate) / % | - | 15,37 | 8,09 | 6,48 | 1,23 | 1,10 | 1,27 | 0,89 | 0,56 | 1,11 |
| Desorptionsrate / % | 61,27 | 64,66 | 65,86 | 66,59 | 66,91 | 67,20 | 67,60 | 67,86 | 68,05 | 68,28 |
| $\Delta$(Desorptionsrate) / % | - | 5,54 | 1,85 | 1,11 | 0,48 | 0,44 | 0,59 | 0,39 | 0,28 | 0,34 |
| Rich loading / mol mol$^{-1}$ | 0,5329 | 0,5412 | 0,5521 | 0,5584 | 0,5659 | 0,5733 | 0,5859 | 0,5939 | 0,6007 | 0,6019 |
| Lean loading / mol mol$^{-1}$ | 0,2065 | 0,2059 | 0,1975 | 0,1866 | 0,1873 | 0,1881 | 0,1899 | 0,1909 | 0,1919 | 0,1911 |
| $\Delta$(RL-LL) / mol mol$^{-1}$ | 0,3265 | 0,3353 | 0,3546 | 0,3718 | 0,3786 | 0,3852 | 0,3961 | 0,4030 | 0,4087 | 0,4108 |
| $\Delta(\Delta$(RL-LL)) / % | - | 2,69 | 5,77 | 4,84 | 1,84 | 1,75 | 2,81 | 1,75 | 1,43 | 0,50 |

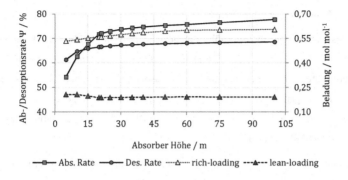

Absorber Höhe / m

──■── Abs. Rate ──●── Des. Rate ·····△····· rich-loading ---▲--- lean-loading

Abbildung 39: Darstellung der Ab-/Desorptionseffizienz bei Variation der Absorberhöhe (AMP).

Tabelle 13: Ergebnisse der energetischen Effizienz bei Variation der Absorberhöhe (AMP).

| Absorberhöhe / m | 5 | 10 | 15 | 21 | 30 | 40 | 50 | 60 | 75 | 100 |
|---|---|---|---|---|---|---|---|---|---|---|
| Kondensator / MW | -19,8 | -22,7 | -24,2 | -25,3 | -25,6 | -25,9 | -26,3 | -26,5 | -26,7 | -27,1 |
| RL-HE / MW | 124,7 | 131,3 | 134,6 | 137,1 | 137,6 | 138,0 | 138,6 | 139,0 | 139,3 | 140,1 |
| LR-HE / MW | -137,5 | -137,0 | -138,4 | -140,5 | -140,3 | -140,1 | -139,6 | -139,4 | -139,4 | -139,8 |
| Reboiler / MW | 57,1 | 65,2 | 70,8 | 76,2 | 77,8 | 78,6 | 79,1 | 79,4 | 81,4 | 81,7 |
| Summe / MW | 24,5 | 36,8 | 42,9 | 47,5 | 49,8 | 51,2 | 52,2 | 52,6 | 54,5 | 55,6 |
| Summe (LR-HE) / MW | -12,7 | -5,7 | -3,8 | -3,4 | -2,7 | -2,1 | -1,1 | -0,4 | -0,1 | 0,3 |
| Reboiler Duty / kJ kg($CO_2$)$^{-1}$ | 2476,9 | 2503,7 | 2463,9 | 2490,4 | 2483,1 | 2476,4 | 2471,9 | 2468,1 | 2478,0 | 2471,8 |
| Δ(Reboiler Duty) / % | - | -13,14 | -4,57 | -2,30 | -1,48 | -1,37 | -1,92 | -1,26 | -0,66 | -0,02 |

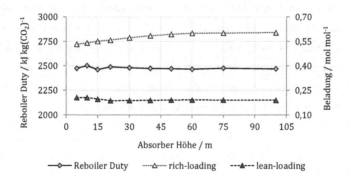

Absorber Höhe / m

──◇── Reboiler Duty ·····△····· rich-loading ---▲--- lean-loading

Abbildung 40: Darstellung der energetischen Effizienz bei Variation der Absorberhöhe (AMP).

### 4.2.1.3 Auswertung der Ergebnisse

Die Untersuchung der Absorberhöhe hat gezeigt, dass für beide Absorbens-Fälle bei zunehmender Absorberhöhe das *rich loading* zunimmt und dementsprechend auch die Absorptionsrate steigt. Ebenfalls steigt das Desorptionsbestreben bei zunehmendem *rich loading* (Begründung: siehe Abschnitt 4.1.2). Dieser Aspekt hat somit einen (geringen) Einfluss auf das *lean loading* und führt zu konstanten (MEA) bzw. leicht rückgängigen (AMP) Werten.

Die *Reboiler Duty* im AMP-Fall bleibt konstant bei ansteigendem Energieeintrag im Reboiler. Im Gegensatz hierzu wird bei dem MEA-Fall eine leicht, kontinuierliche Reduktion der RD verzeichnet.

Als Begründung lässt sich hierbei anführen, dass im MEA-Fall im Zuge der *base case* Simulationen bereits mit einem erhöhten L/G-Verhältnis gearbeitet wird, sodasss bereits im oberen Bereich der Absorptionsrate gearbeitet wird. Die Zunahme der Absorberhöhe bewirkt im MEA-Fall einen nicht so starken Anstieg des im Reboiler formulierten Wärmebedarfes, sodass die RD bei zunehmender Absorptionsrate kontinuierlich sehr leicht abnimmt. Dieser Vorteil geht mit steigender Absorberhöhe verloren, da die Absorptionsrate weitgehend stagniert.

Abschließend sei jedoch als kritische Bemerkung angefügt, dass mit steigender Höhe des Absorbers auch die Kosten zunehmen. Die Kosten lassen sich hierbei in zwei wesentliche Aspekte unterteilen. Zum einen die Investitionskosten, welche sich vor allem durch den erhöhten Materialverbrauch ergeben, zum anderen die Betriebskosten, welche sich mitunter in einer größeren Dimensionierung oder einer zunehmenden Leistung des Gebläses zeigen werden, da mit steigender Höhe des Absorbers auch der Druckverlust, gemessen über die Kolonnenhöhe, zunehmen wird. Eine Abwägung der optimalen Kolonnenhöhe muss daher unter Berücksichtigung ökonomischer, ökologischer sowie sicherheitstechnischer Aspekte erfolgen.

### 4.2.2 L/G-Verhältnis

Das L/G-Verhältnis gibt das Verhältnis von Absorbensstrom (engl.: *liquid*) zum Gasstrom (engl.: *gas*) an.

Für die Parameterstudie wird der Absorbensstrom als variabel betrachtet, da der Gasstrom sich aus dem Kraftwerksprozess in der angegebenen Menge ergibt.

### 4.2.2.1 Ergebnisse für MEA

Die Ergebnisse der Untersuchung bezüglich des L/G-Verhältnisses sind in Analogie zu Abschnitt 4.2.1 in tabellarischer und graphischer dargeboten.

Tabelle 14: Ergebnisse der Ab-/Desorptionseffizienz bei Variation des L/G-Verhältnisses (MEA).

| L/G-Verhältnis / mol mol⁻¹ | 2,0 | 2,5 | 3,0 | 3,5 | 4,0 | 4,5 | 4,8 | 5,0 | 5,5 |
|---|---|---|---|---|---|---|---|---|---|
| Absorptionsrate / % | 37,13 | 46,76 | 56,34 | 65,60 | 74,28 | 82,16 | 86,09 | 88,76 | 92,93 |
| Δ(Absorptionsrate) / % | - | 25,95 | 20,50 | 16,42 | 13,24 | 10,60 | 4,78 | 3,10 | 4,70 |
| Desorptionsrate / % | 42,48 | 42,68 | 42,80 | 42,78 | 42,59 | 42,22 | 41,90 | 41,58 | 40,45 |
| Δ(Desorptionsrate) / % | - | 0,47 | 0,29 | -0,05 | -0,45 | -0,88 | -0,75 | -0,77 | -2,72 |
| Rich loading / mol mol⁻¹ | 0,5004 | 0,5019 | 0,5025 | 0,5017 | 0,4994 | 0,4953 | 0,4921 | 0,4889 | 0,4783 |
| Lean loading / mol mol⁻¹ | 0,2879 | 0,2877 | 0,2875 | 0,2871 | 0,2867 | 0,2863 | 0,2859 | 0,2857 | 0,2848 |
| Δ(RL-LL) / mol mol⁻¹ | 0,2125 | 0,2141 | 0,2150 | 0,2146 | 0,2126 | 0,2090 | 0,2061 | 0,2032 | 0,1934 |
| Δ(Δ(RL-LL)) / % | - | 0,77 | 0,42 | -0,20 | -0,91 | -1,68 | -1,38 | -1,41 | -4,83 |

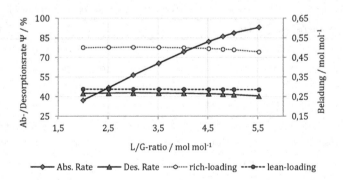

Abbildung 41: Darstellung der Ab-/Desorptionseffizienz bei Variation des L/G-Verhältnisses (MEA).

Tabelle 15: Ergebnisse der energetischen Effizienz bei Variation des L/G-Verhältnisses (MEA).

| L/G-Verhältnis / mol mol⁻¹ | 2,0 | 2,5 | 3,0 | 3,5 | 4,0 | 4,5 | 4,8 | 5,0 | 5,5 |
|---|---|---|---|---|---|---|---|---|---|
| Kondensator / MW | -31,3 | -39,4 | -47,5 | -55,5 | -63,0 | -69,9 | -73,4 | -75,9 | -80,1 |
| RL-HE / MW | 105,4 | 131,2 | 155,8 | 178,7 | 199,5 | 217,9 | 226,8 | 232,5 | 240,0 |
| LR-HE / MW | -91,4 | -114,4 | -137,5 | -160,9 | -184,4 | -208,2 | -221,8 | -232,4 | -257,3 |
| Reboiler / MW | 61,7 | 77,7 | 93,7 | 109,3 | 124,2 | 138,0 | 145,1 | 150,1 | 158,8 |
| Summe / MW | 44,3 | 55,1 | 64,4 | 71,6 | 76,3 | 77,8 | 76,7 | 74,3 | 61,3 |
| Summe (LR-HE) / MW | 13,9 | 16,8 | 18,3 | 17,8 | 15,1 | 9,7 | 5,0 | 0,1 | -17,4 |
| Reboiler Duty / kJ kg(CO₂)⁻¹ | 3907,4 | 3906,5 | 3909,4 | 3918,9 | 3933,1 | 3945,1 | 3965,3 | 3977,7 | 4018,2 |
| Δ(Reboiler Duty) / % | - | -1,45 | -2,47 | -3,13 | -3,66 | -4,32 | -2,95 | -2,77 | 5,49 |

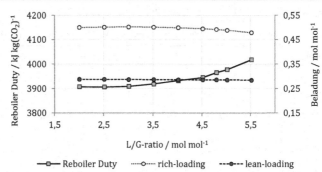

Abbildung 42: Darstellung energetischen Effizienz bei Variation des L/G-Verhältnisses (MEA).

### 4.2.2.2 Ergebnisse für AMP

Tabelle 16: Ergebnisse der Ab-/Desorptionseffizienz bei Variation des L/G-Verhältnisses (AMP).

| L/G-Verhältnis / mol mol⁻¹ | 1,50 | 2,0 | 2,5 | 3,0 | 3,5 | 4,0 | 4,5 | 5,0 |
|---|---|---|---|---|---|---|---|---|
| Absorptionsrate / % | 45,64 | 56,52 | 63,82 | 68,76 | 71,98 | 74,69 | 76,79 | 78,83 |
| Δ(Absorptionsrate) / % | - | 23,85 | 12,91 | 7,74 | 4,69 | 3,76 | 2,81 | 2,65 |
| Desorptionsrate / % | 74,99 | 73,47 | 71,30 | 68,88 | 66,59 | 64,09 | 61,90 | 59,93 |
| Δ(Desorptionsrate) / % | - | -2,03 | -2,96 | -3,39 | -3,33 | -3,75 | -3,43 | -3,18 |
| Rich loading / mol mol⁻¹ | 0,7300 | 0,6916 | 0,6431 | 0,5964 | 0,5584 | 0,5220 | 0,4938 | 0,4711 |
| Lean loading / mol mol⁻¹ | 0,1826 | 0,1835 | 0,1847 | 0,1856 | 0,1866 | 0,1875 | 0,1882 | 0,1888 |
| Δ(RL-LL) / mol mol⁻¹ | 0,5474 | 0,5081 | 0,4585 | 0,4108 | 0,3718 | 0,3345 | 0,3056 | 0,2823 |
| Δ(Δ(RL-LL)) / % | - | -7,18 | -9,76 | -10,41 | -9,49 | -10,02 | -8,63 | -7,62 |

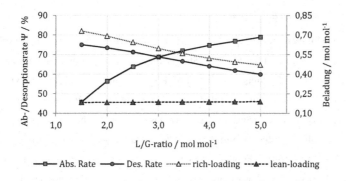

Abbildung 43: Darstellung der Ab-/Desorptionseffizienz bei Variation des L/G-Verhältnisses (AMP).

Tabelle 17: Ergebnisse der energetischen Effizienz bei Variation des L/G-Verhältnisses (AMP).

| L/G-Verhältnis / mol mol⁻¹ | 1,50 | 2,0 | 2,5 | 3,0 | 3,5 | 4,0 | 4,5 | 5,0 |
|---|---|---|---|---|---|---|---|---|
| Kondensator / MW | -15,7 | -19,6 | -22,2 | -24,0 | -25,3 | -26,4 | -27,3 | -28,2 |
| RL-HE / MW | 78,3 | 98,9 | 114,7 | 127,3 | 137,1 | 146,7 | 155,0 | 163,1 |
| LR-HE / MW | -58,9 | -79,1 | -99,7 | -120,7 | -140,5 | -162,9 | -184,2 | -205,5 |
| Reboiler / MW | 46,4 | 58,1 | 66,3 | 72,2 | 76,2 | 79,7 | 82,6 | 85,3 |
| Summe / MW | 50,1 | 58,3 | 59,1 | 54,7 | 47,5 | 37,1 | 26,1 | 14,7 |
| Summe (LR-HE) / MW | 19,4 | 19,8 | 15,0 | 6,6 | -3,4 | -16,2 | -29,2 | -42,4 |
| Reboiler Duty / kJ kg($CO_2$)⁻¹ | 2394,0 | 2416,3 | 2443,3 | 2469,1 | 2490,4 | 2510,3 | 2525,3 | 2543,7 |
| Δ(Reboiler Duty) / % | - | -3,42 | -5,45 | -7,10 | -2,28 | 11,42 | 9,60 | 8,29 |

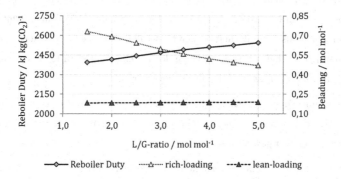

Abbildung 44: Darstellung der energetischen Effizienz bei Variation des L/G-Verhältnisses (AMP).

### 4.2.2.3 Auswertung der Ergebnisse

Die Untersuchungen haben gezeigt, welchen enormen Einfluss das L/G-Verhältnis besitzt. Für den MEA-Fall hat sich eine Steigerung der Absorptionsrate von über 150 % ergeben (L/G: 2,0 – 5,5), hingegen für den AMP-Fall lediglich eine Steigerung von knapp 72 % (L/G: 1,5 – 5,0). Hinsichtlich der Absorptionsrate ist das MEA-$CO_2$-System daher sensibler als das AMP-$CO_2$-System. Ursachen lassen sich hierbei insbesondere in der Reaktionskinetik auffinden. Wie in Kapitel 3.2 bereits aufgezeigt, laufen die Reaktionen für das MEA-$CO_2$-System schneller ab als für das AMP-$CO_2$-System. Bedingt durch den erhöhten Einsatz an Absorbens verändert sich die Hydrodynamik in der Absorberkolonne. Durch die zunehmende Strömungsgeschwindigkeit der Flüssigkeit, unter Berücksichtigung der leicht zunehmenden Druckverluste, reduziert sich die Verweilzeit im Absorber. Dieser Aspekt macht sich insbesondere bei dem AMP-$CO_2$-System bemerkbar. Rechnerisch lassen sich die Effekte bei dem flüssigen Hold-up $\phi_L$ (siehe Gl. 2.2.11) sowie beim flüssigkeitsseitigen Stoffübergangskoeffizienten (siehe Gl. 2.2.5.) berücksichtigen und abschätzen. Eine weitere wichtige Erkenntnis bietet die Betrachtung der Desorptionsrate für den AMP-Fall. Verhält sich diese für den MEA-Fall nahezu konstant, zeigt sich im AMP-Fall eine rückläufige Desorptionsrate um rund 25 % (L/G: 1,5 – 5,0). Dieser Aspekt wirkt sich ebenfalls negativ auf die Absorptionsrate für den AMP-Fall aus und muss daher in Kapitel 4.3 bei der Wahl der Reboiler Temperatur und des Druckes im Desorber berücksichtigt werden.

Aus energetischer Sicht zeigen sich sowohl beim MEA-$CO_2$-System als auch beim AMP-$CO_2$-System zu erwartende Effekte. Mit steigendem L/G-Verhältnis nimmt die RD kontinuierlich zu. Als Besonderheit für den MEA-Fall lässt sich erkennen, das im Bereich eines hohen L/G-Verhältnisses der Anstieg der RD exponentiellen Charakter aufweist, wohingegen sich diese im AMP-Fall nahezu linear verhält.

Zur Bestimmung der optimalen RD müssen die Auswirkungen einer steigenden Absorptionsrate den Notwendigkeiten eines zunehmenden, benötigten Wärmebedarfes im Reboiler gegenüber gestellt werden.

Auf der anderen Seite geht ein erhöhter Einsatz an Absorbens auch zu Lasten der Kosten. Zum einen sind hier die Anschaffungs- und Betriebskosten durch eine erhöhte Verlustmenge im geschlossenen Kreislauf zu nennen, zum anderen sind aber auch hydrodynamische Effekte zu berücksichtigen wie ein erhöhter flüssigkeitsseitiger Druckverlust, welcher sich auf die Betriebs- und Investitionskosten der Maschinen (z.B. Pumpen) negativ auswirkt. Nicht nur aus diesem Grund sollte der Prozess auf die gegebenen Prozessbedingungen in der Planungsphase des Engineerings optimal ausgelegt werden, z.B. durch eine geeignete Dimensionierung der Kolonnen.

### 4.2.3 Temperatur im Reboiler

Die Temperatur im Reboiler hat direkte Auswirkungen auf die gesamte Energiebilanz des geschlossenen Systems. Der Wärmebedarf im Reboiler ergibt sich hierbei im Wesentlichen aus drei Notwendigkeiten:

1) Bereitstellung der benötigten Reaktionswärme zum Ablauf der endothermen $CO_2$-Desorptionsrektionen im Desorber.

2) Wärme, um Dampf zu produzieren, welcher den Massentransport von $CO_2$ von der Flüssigphase in die Gasphase ermöglicht.

3) Sensible Wärme, die die Temperatur des beladenden Absorbers auf Desorber-Temperatur anhebt.

Die Ergebnisse der Untersuchung bezüglich der Temperatur im Reboiler sind in Analogie zu Abschnitt 4.2.1 in tabellarischer und graphischer dargeboten.

#### 4.2.3.1 Ergebnisse für MEA

Tabelle 18: Ergebnisse der Ab-/Desorptionseffizienz bei Variation der Reboiler-Temperatur (MEA).

| Temp. im Reboiler / °C | 115 | 116 | 117 | 118 | 119 | 120 | 121 | 122 |
|---|---|---|---|---|---|---|---|---|
| Absorptionsrate / % | 61,38 | 66,76 | 72,62 | 79,05 | 86,09 | 93,18 | 96,86 | 98,70 |
| Δ(Absorptionsrate) / % | - | 8,76 | 8,78 | 8,85 | 8,90 | 8,24 | 3,95 | 1,90 |
| Desorptionsrate / % | 29,64 | 32,28 | 35,17 | 38,36 | 41,90 | 45,74 | 49,29 | 53,46 |
| Δ(Desorptionsrate) / % | - | 8,90 | 8,95 | 9,07 | 9,24 | 9,17 | 7,75 | 8,46 |
| Rich loading / mol mol$^{-1}$ | 0,4958 | 0,4952 | 0,4945 | 0,4936 | 0,4921 | 0,4879 | 0,4706 | 0,4421 |
| Lean loading / mol mol$^{-1}$ | 0,3488 | 0,3354 | 0,3206 | 0,3043 | 0,2859 | 0,2648 | 0,2387 | 0,2058 |
| Δ(RL-LL) / mol mol$^{-1}$ | 0,1469 | 0,1598 | 0,1739 | 0,1893 | 0,2061 | 0,2232 | 0,2320 | 0,2363 |
| Δ(Δ(RL-LL)) / % | - | 8,77 | 8,79 | 8,86 | 8,92 | 8,25 | 3,94 | 1,88 |

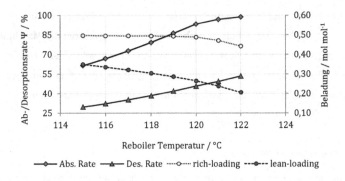

Abbildung 45: Darstellung der Ab-/Desorptionseffizienz bei Variation der Reboiler-Temp. (MEA).

Tabelle 19: Ergebnisse der energetischen Effizienz bei Variation der Reboiler-Temperatur (MEA).

| Temp. im Reboiler / °C | 115 | 116 | 117 | 118 | 119 | 120 | 121 | 122 |
|---|---|---|---|---|---|---|---|---|
| Kondensator / MW | -50,7 | -55,6 | -60,9 | -66,8 | -73,4 | -81,3 | -91,6 | -117,6 |
| RL-HE / MW | 234,4 | 232,7 | 231,0 | 229,2 | 226,8 | 221,3 | 199,8 | 167,8 |
| LR-HE / MW | -212,0 | -214,4 | -216,9 | -219,3 | -221,8 | -224,5 | -228,9 | -234,4 |
| Reboiler / MW | 100,7 | 110,3 | 120,8 | 132,3 | 145,1 | 159,6 | 174,5 | 207,0 |
| Summe / MW | 72,4 | 73,0 | 74,0 | 75,4 | 76,7 | 75,0 | 53,8 | 22,9 |
| Summe (LR-HE) / MW | 22,4 | 18,3 | 14,2 | 9,9 | 5,0 | -3,3 | -29,1 | -66,6 |
| Reboiler Duty / kJ kg($CO_2$)$^{-1}$ | 3859,4 | 3886,9 | 3910,4 | 3934,9 | 3965,3 | 4027,7 | 4236,6 | 4934,1 |
| Δ(Reboiler Duty) / % | - | 3,33 | 3,22 | 3,02 | 2,80 | 4,83 | 17,52 | 29,70 |

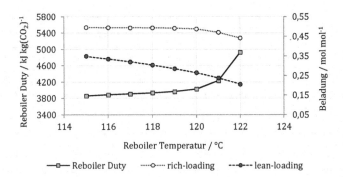

Abbildung 46: Darstellung der energetischen Effizienz bei Variation der Reboiler-Temp. (MEA).

96

## 4.2.3.2 Ergebnisse für AMP

Tabelle 20: Ergebnisse der Ab-/Desorptionseffizienz bei Variation der Reboiler-Temperatur (AMP).

| Temp. im Reboiler / °C | 105 | 110 | 112 | 114 | 116 | 120 |
|---|---|---|---|---|---|---|
| Absorptionsrate / % | 58,46 | 71,98 | 76,48 | 81,15 | 84,76 | 89,75 |
| Δ(Absorptionsrate) / % | - | 23,13 | 6,24 | 6,11 | 4,44 | 5,89 |
| Desorptionsrate / % | 52,44 | 66,59 | 72,23 | 77,61 | 82,63 | 91,67 |
| Δ(Desorptionsrate) / % | - | 26,97 | 8,48 | 7,44 | 6,48 | 10,93 |
| Rich loading / mol mol$^{-1}$ | 0,5738 | 0,5584 | 0,5594 | 0,5453 | 0,5378 | 0,5339 |
| Lean loading / mol mol$^{-1}$ | 0,2729 | 0,1866 | 0,1554 | 0,1222 | 0,0935 | 0,0446 |
| Δ(RL-LL) / mol mol$^{-1}$ | 0,3009 | 0,3718 | 0,4040 | 0,4232 | 0,4443 | 0,4893 |
| Δ(Δ(RL-LL)) / % | - | 23,56 | 8,67 | 4,74 | 5,00 | 10,13 |

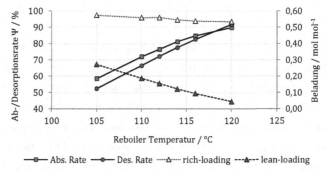

Abbildung 47: Darstellung der Ab-/Desorptionseffizienz bei Variation der Reboiler-Temp. (AMP).

Tabelle 21: Ergebnisse der energetischen Effizienz bei Variation der Reboiler-Temperatur (AMP).

| Temp. im Reboiler / °C | 105 | 110 | 112 | 114 | 116 | 120 |
|---|---|---|---|---|---|---|
| Kondensator / MW | -20,4 | -25,3 | -27,0 | -28,7 | -30,1 | -32,2 |
| RL-HE / MW | 143,0 | 137,1 | 134,3 | 131,7 | 128,9 | 123,5 |
| LR-HE / MW | -130,9 | -140,5 | -143,5 | -147,4 | -150,8 | -156,6 |
| Reboiler / MW | 60,3 | 76,2 | 81,6 | 87,6 | 92,4 | 106,8 |
| Summe / MW | 51,9 | 47,5 | 45,4 | 43,2 | 40,4 | 41,5 |
| Summe (LR-HE) / MW | 12,1 | -3,4 | -9,2 | -15,7 | -21,9 | -33,1 |
| Reboiler Duty / kJ kg(CO$_2$)$^{-1}$ | 2424,6 | 2490,4 | 2508,5 | 2539,7 | 2563,6 | 2798,9 |
| Δ(Reboiler Duty) / % | - | 16,27 | 12,06 | 10,19 | 8,19 | 12,97 |

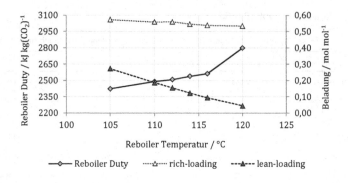

Abbildung 48: Darstellung der energetischen Effizienz bei Variation der Reboiler-Temp. (AMP).

### 4.2.3.3    Auswertung der Ergebnisse

Die Variation der Temperatur im Reboiler besitzt einen entscheidenden Einfluss auf die Effizienz der Ab- und Desorption für beide Systeme, bedarf jedoch einen verständlicher Weise erhöhten Energieeintrag, sodass negative Auswirkungen auf die RD zu vermuten sind. Für das MEA-$CO_2$-System sind diese für eine Temperatur im Reboiler > 120 °C enorm, welche sich in einem nahezu exponentiellen Anstieg der RD wiederspiegeln. Bis zu einer Reboiler Temperatur von 120 °C nimmt die RD nahezu linear zu. Auch für das AMP-$CO_2$-System zeigt sich dieses Phänomen, jedoch bereits ab einer Temperatur von 116 °C. ist Die Reboiler Temperatur im AMP-Fall ist mit Werten bis 120 °C untersucht worden, da zum einen hier bereits sehr gute Werte für die Absorptionsrate erzielt werden können, zum anderen der energetische Vorteil des AMP-$CO_2$-Systems gegenüber dem MEA-$CO_2$-System bewahrt werden soll.

Ein wichtiger Aspekt bei der Wahl der Temperatur im Reboiler ist der Effekt der thermischen Degradation. Studien haben gezeigt, dass sowohl MEA als auch AMP von diesem Phänomen betroffen sind.[93] In der Industrie sowie Forschung werden *Reboiler Temperaturen von rund 120-123 °C*[94,95] berichtet, unter deren Betriebsbedingungen bei

---

[93] (Lepaumier, et al., 2009)

[94] (Yeh & Pennline, 2001)

leicht erhöhtem Druck (siehe Abschnitt 4.2.4) die genannten Probleme auf ein überschaubares Maß reduziert werden können.


### 4.2.4    Druck im Desorber

Im Folgenden soll der Druck im Desorber variiert und untersucht werden. Hierbei wird bei Variation des Druckes die Temperatur im Reboiler konstant gehalten. Bei vermindertem Druck sind die Siedetemperaturen der Flüssigkeiten geringer, sodass der Massentransport des $CO_2$ sowie der Phasenwechsel von der Flüssig- in die Gasphase erleichtert wird. Eine steigende Kühlleistung im Kondensator ist zu vermuten. Verluste an Absorbens im Kopf des Desorbers müssen beachtet werden.


#### 4.2.4.1    Ergebnisse für MEA


Tabelle 22: Ergebnisse der Ab-/Desorptionseffizienz bei Variation des Absorber-Druckes (MEA).

| Druck im Desorber / bar | 1,80 | 1,85 | 1,90 | 1,95 | 2,00 | 2,05 |
|---|---|---|---|---|---|---|
| Absorptionsrate / % | 98,80 | 97,35 | 95,15 | 91,07 | 86,09 | 81,52 |
| $\Delta$(Absorptionsrate) / % | - | -1,47 | -2,25 | -4,29 | -5,47 | -5,31 |
| Desorptionsrate / % | 53,85 | 50,08 | 47,23 | 44,52 | 41,90 | 39,59 |
| $\Delta$(Desorptionsrate) / % | - | -7,00 | -5,69 | -5,74 | -5,88 | -5,51 |
| Rich loading / mol mol$^{-1}$ | 0,4393 | 0,4655 | 0,4826 | 0,4900 | 0,4921 | 0,4931 |
| Lean loading / mol mol$^{-1}$ | 0,2027 | 0,2324 | 0,2547 | 0,2719 | 0,2859 | 0,2979 |
| $\Delta$(RL-LL) / mol mol$^{-1}$ | 0,2366 | 0,2331 | 0,2279 | 0,2181 | 0,2061 | 0,1952 |
| $\Delta(\Delta$(RL-LL)) / % | - | -1,45 | -2,24 | -4,30 | -5,48 | -5,31 |

---

[95] (Tobiesen, et al., 2008)

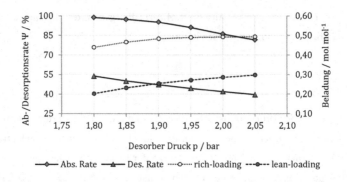

Abbildung 49: Darstellung der Ab-/Desorptionseffizienz bei Variation des Absorber-Druckes (MEA).

Tabelle 23: Ergebnisse der energetischen Effizienz bei Variation des Absorber-Druckes (MEA).

| Druck im Desorber / bar | 1,80 | 1,85 | 1,90 | 1,95 | 2,00 | 2,05 |
|---|---|---|---|---|---|---|
| Kondensator / MW | -161,7 | -120,0 | -99,0 | -84,7 | -73,4 | -64,5 |
| RL-HE / MW | 189,5 | 212,2 | 226,8 | 229,6 | 226,8 | 223,3 |
| LR-HE / MW | -225,7 | -223,5 | -221,9 | -221,6 | -221,8 | -222,1 |
| Reboiler / MW | 248,2 | 203,8 | 179,5 | 161,0 | 145,1 | 132,2 |
| Summe / MW | 50,3 | 72,5 | 85,4 | 84,3 | 76,7 | 68,9 |
| Summe (LR-HE) / MW | -36,2 | -11,3 | 4,9 | 8,1 | 5,0 | 1,2 |
| Reboiler Duty / kJ kg(CO$_2$)$^{-1}$ | 5908,7 | 4923,9 | 4436,5 | 4157,0 | 3965,3 | 3813,2 |
| Δ(Reboiler Duty) / % | - | -32,54 | -12,24 | -5,62 | -6,33 | -6,00 |

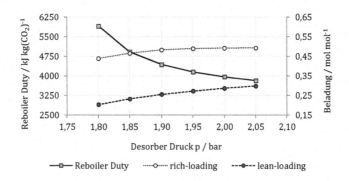

Abbildung 50: Darstellung der energetischen Effizienz bei Variation des Absorber-Druckes (MEA).

## 4.2.4.2    Ergebnisse für AMP

Tabelle 24: Ergebnisse der Ab-/Desorptionseffizienz bei Variation des Absorber-Druckes (AMP).

| Druck im Desorber / bar | 1,50 | 1,60 | 1,70 | 1,80 | 1,90 | 2,00 |
|---|---|---|---|---|---|---|
| Absorptionsrate / % | 86,87 | 82,46 | 80,63 | 77,61 | 74,73 | 71,98 |
| $\Delta$(Absorptionsrate) / % | - | -5,08 | -2,21 | -3,75 | -3,71 | -3,68 |
| Desorptionsrate / % | 85,61 | 81,26 | 76,77 | 73,03 | 69,65 | 66,59 |
| $\Delta$(Desorptionsrate) / % | - | -5,09 | -5,52 | -4,87 | -4,63 | -4,40 |
| Rich loading / mol mol$^{-1}$ | 0,5265 | 0,5487 | 0,5493 | 0,5497 | 0,5542 | 0,5584 |
| Lean loading / mol mol$^{-1}$ | 0,0758 | 0,1073 | 0,1264 | 0,1483 | 0,1682 | 0,1866 |
| $\Delta$(RL-LL) / mol mol$^{-1}$ | 0,4507 | 0,4414 | 0,4229 | 0,4014 | 0,3860 | 0,3718 |
| $\Delta(\Delta$(RL-LL)) / % | - | -2,06 | -4,20 | -5,08 | -3,85 | -3,68 |

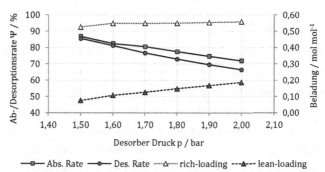

Abbildung 51: Darstellung der Ab-/Desorptionseffizienz bei Variation des Absorber-Druckes (AMP).

Tabelle 25: Ergebnisse der energetischen Effizienz bei Variation des Absorber-Druckes (AMP).

| Druck im Desorber / bar | 1,50 | 1,60 | 1,70 | 1,80 | 1,90 | 2,00 |
|---|---|---|---|---|---|---|
| Kondensator / MW | -56,4 | -46,3 | -38,9 | -33,3 | -28,8 | -25,3 |
| RL-HE / MW | 162,1 | 154,4 | 149,0 | 144,3 | 140,4 | 137,1 |
| LR-HE / MW | -138,5 | -136,9 | -139,5 | -139,9 | -140,2 | -140,5 |
| Reboiler / MW | 121,4 | 105,8 | 97,7 | 89,2 | 82,2 | 76,7 |
| Summe / MW | 88,6 | 77,0 | 68,2 | 60,3 | 53,5 | 48,0 |
| Summe (LR-HE) / MW | 23,6 | 17,5 | 9,4 | 4,4 | 0,2 | -3,4 |
| Reboiler Duty / kJ kg($CO_2$)$^{-1}$ | 3286,5 | 3018,8 | 2848,6 | 2702,1 | 2586,1 | 2505,4 |
| $\Delta$(Reboiler Duty) / % | - | -8,87 | -9,46 | -7,31 | -6,51 | 0,08 |

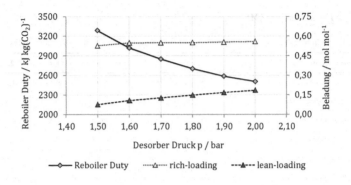

Abbildung 52: Darstellung der energetischen Effizienz bei Variation des Absorber-Druckes (AMP).

### 4.2.4.3 Auswertung der Ergebnisse

Die Untersuchungen des Druckes im Desorber haben gezeigt, dass sich die Ab- und Desorptionseffizienz signifikant beeinflussen lassen. Für die Absorptionsrate ergibt sich eine Steigerung von *86,09 %* (MEA; 2,0 bar) auf *98,80 %* (MEA; 1,8 bar) um prozentual *14,8 %* sowie von *71,98 %* (AMP; 2,0 bar) auf *86,87 %* (AMP; 1,5 bar) um prozentual *20,7 %*. Für die Desorptionsrate zeigt sich eine Steigerung von *41,90 %* (MEA; 2,0 bar) auf *53,85 %* (MEA; 1,8 bar) um prozentual *28,5 %* sowie von *66,59 %* (AMP; 2,0 bar) auf *85,61 %* (AMP; 1,5 bar) um prozentual *28,6 %*. Die Analyse der Kühlleistung zeigt, dass für den MEA-Fall bei Senkung des Druckes um 20 kPa diese um *120,3 %* zunimmt, für den AMP-Fall bei Senkung um 50 kPa um *123,0 %*.

Erhöhte Absorbensverluste führen zu Auswirkungen, die vor allem wirtschaftlicher (Kosten zur Nachführung an Absorbens) und energetischer (steigende Kühlleistung im Kondensator) Natur sind, wobei sich beide Aspekte ergänzen und einander bedingen. Es wird deutlich, dass das MEA-CO$_2$-System sensibler auf die Druckänderung im Desorber reagiert. Die Steigerung der Ab- und Desorptionseffizienz geht jedoch zu Lasten des energetischen Aufwandes, was sich in der RD zeigt. Insbesondere für den MEA-Fall (siehe Abbildung 50) lässt sich für Drücke < *1,9 bar* ein signifikanter Anstieg vernehmen.

## 4.2.5 Konzentration des Alkanolamins in Lösung

Die Konzentration des Alkanolamins in der Lösung ist ein wesentlicher Einflussparameter auf den Prozess, den es zu untersuchen gilt. Hierbei setzt sich der Absorbensstrom aus dem entsprechenden Alkanolamin, dem Lösungsmittel Wasser sowie der Eintrittsbeladung an $CO_2$ (*lean loading*) zusammen. Für die Durchführung der Untersuchungen ist es zu Beginn wichtig, ein praktikables Konzentrationsintervall für beide Absorbens zu bestimmen. Unter anderem spielt hierbei die Löslichkeit des Absorbens im Wasser eine Rolle. Des Weiteren muss ein wirtschaftlich sinnvoller Rahmen gefunden werden, da die eingesetzte Menge an Alkanolaminen ebenfalls einen wesentlichen Kostenfaktor darstellt. Zum einen sind hier die Investitionskosten für das Amin an sich zu nennen, zum anderen jedoch auch verlustbedingte Betriebs- und Instandhaltungskosten. Insbesondere das MEA zeigt für Konzentrationen > *20 Gew.-%* in Kombination mit hohen Saugasbeladungen (kohlebefeuerter Kraftwerksprozess) das Bestreben zur oxidativen Degradation, dessen Zersetzungsprodukte stark korrosiv wirken.[96] Unter Zugabe eines Korrosionsinhibitors lässt sich dieser Nachteil in gewissem Umfang kompensieren, wie dies bereits von der Firma Fluor Daniel unter einem kommerziell vertriebenen Absorbens auf MEA-Basis unter dem Handelsnamen Econamine FG[SM] vorgenommen wird.[97] Hierbei lassen sich Massenkonzentrationen im Rahmen von rund *30 Gew.-%* realisieren. Für das AMP tritt die Problematik der oxidativen Degradation aufgrund der sterischen Hinderung und der somit verminderten Angreifbarkeit des Moleküls in nur einem sehr geringen Maße auf.

Untersuchungen hinsichtlich der Bildung relevanter Reaktionsprodukte haben diese Vermutungen bestätigen können.[98] Für die thermische Degradation hat sich nach (Lepaumier, et al., 2009) folgende Abstufung gemäß Einteilung der Alkanolamine ergeben:

$$III > sterisch\ gehinderte\ (I) > I > II$$

---

[96] (Schmitz, 2014)

[97] (Reddy & Gilmartin, 2008)

[98] (Lee, et al., 2013)

Hierbei haben experimentelle Untersuchungen ergeben, dass auch AMP von der Problematik in einem gewissen Maße für sehr hohe Temperatur im Reboiler (bei rund 140 °C) unter Berücksichtigung hoher $CO_2$-Beladungen betroffen ist.

Das primäre Alkanolamin MEA zeigt hierbei vergleichbare bzw. leicht verminderte Bestrebungen der thermischen Degradation. Aus genannten wirtschaftlichen und prozessbezogenen Gründen ist daher auch für das AMP eine Begrenzung nach oben hin sinnvoll. Literaturangaben empfehlen hierbei Limitierungen auf *< 45 Gew.-%*.[99] Nach unten sollen die Untersuchungen der Konzentrationen beider Absorbens ebenfalls limitiert werden, da ein prozessbezogener sinnvoller (praktikabler) Wertebereich betrachtet werden soll. Die untere Limitierung wird hierbei auf rund *15 Gew.-%* für beide Absorbens gewählt.

### 4.2.5.1    Ergebnisse für MEA

Tabelle 26: Ergebnisse der Ab-/Desorptionseffizienz bei Variation der Amin-Konzentration (MEA).

| w(MEA) / Gew.-% | 15,1 | 17,1 | 19,1 | 23,1 | 25,0 | 27,0 | 30,5 | 31,8 |
|---|---|---|---|---|---|---|---|---|
| Absorptionsrate / % | 53,14 | 58,72 | 63,93 | 73,19 | 77,25 | 80,86 | 86,09 | 87,85 |
| $\Delta$(Absorptionsrate) / % | - | 10,52 | 8,86 | 14,48 | 5,55 | 4,66 | 6,47 | 2,05 |
| Desorptionsrate / % | 60,06 | 57,70 | 55,33 | 50,59 | 48,23 | 45,92 | 41,90 | 40,17 |
| $\Delta$(Desorptionsrate) / % | - | -3,92 | -4,11 | -8,56 | -4,66 | -4,80 | -8,75 | -4,13 |
| Rich loading / mol mol$^{-1}$ | 0,5033 | 0,5016 | 0,5000 | 0,4973 | 0,4960 | 0,4947 | 0,4921 | 0,4907 |
| Lean loading / mol mol$^{-1}$ | 0,2011 | 0,2122 | 0,2234 | 0,2458 | 0,2568 | 0,2676 | 0,2859 | 0,2936 |
| $\Delta$(RL-LL) / mol mol$^{-1}$ | 0,3022 | 0,2893 | 0,2766 | 0,2515 | 0,2392 | 0,2271 | 0,2061 | 0,1971 |
| $\Delta(\Delta$(RL-LL)) / % | - | -4,26 | -4,41 | -9,06 | -4,90 | -5,05 | -9,22 | -4,40 |

---

[99] (Dubois & Thomas, 2011)

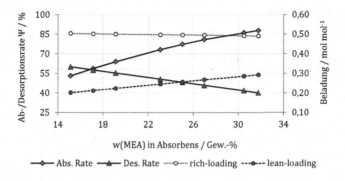

w(MEA) in Absorbens / Gew.-%

——◆—— Abs. Rate  ——▲—— Des. Rate  ·····○····· rich-loading  ---●--- lean-loading

Abbildung 53: Darstellung der Ab-/Desorptionseffizienz bei Variation der Amin-Konz. (MEA).

Tabelle 27: Ergebnisse der energetischen Effizienz bei Variation der Amin-Konzentration (MEA).

| w(MEA) / Gew.-% | 15,1 | 17,1 | 19,1 | 23,1 | 25,0 | 27,0 | 30,5 | 31,8 |
|---|---|---|---|---|---|---|---|---|
| Kondensator / MW | -53,1 | -57,7 | -61,6 | -67,7 | -70,0 | -71,7 | -73,4 | -73,7 |
| RL-HE / MW | 209,7 | 213,3 | 216,5 | 221,8 | 223,9 | 225,4 | 226,8 | 226,6 |
| LR-HE / MW | -211,4 | -212,5 | -213,7 | -216,3 | -217,7 | -219,1 | -221,8 | -223,1 |
| Reboiler / MW | 94,8 | 104,1 | 112,5 | 126,9 | 132,9 | 138,1 | 145,1 | 147,4 |
| Summe / MW | 40,0 | 47,1 | 53,7 | 64,7 | 69,2 | 72,7 | 76,7 | 77,2 |
| Summe (LR-HE) / MW | -1,7 | 0,7 | 2,8 | 5,5 | 6,2 | 6,3 | 5,0 | 3,5 |
| Reboiler Duty / kJ kg$(CO_2)^{-1}$ | 4194,4 | 4168,2 | 4140,0 | 4077,6 | 4045,9 | 4015,4 | 3965,3 | 3945,4 |
| Δ(Reboiler Duty) / % | - | -2,15 | -0,30 | -1,50 | -1,14 | -1,36 | -3,07 | -1,73 |

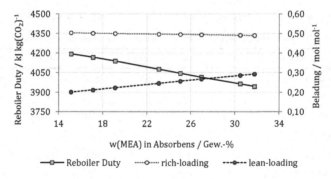

w(MEA) in Absorbens / Gew.-%

——□—— Reboiler Duty  ·····○····· rich-loading  ---●--- lean-loading

Abbildung 54: Darstellung der energetischen Effizienz bei Variation der Amin-Konzentration (MEA).

105

### 4.2.5.2   Ergebnisse für AMP

Tabelle 28: Ergebnisse der Ab-/Desorptionseffizienz bei Variation der Amin-Konzentration (AMP).

| w(AMP) / Gew.-% | 14,8 | 19,9 | 24,9 | 29,1 | 33,3 | 36,4 |
|---|---|---|---|---|---|---|
| Absorptionsrate / % | 40,35 | 55,72 | 66,54 | 71,98 | 75,35 | 76,84 |
| $\Delta$(Absorptionsrate) / % | - | 38,10 | 19,42 | 8,18 | 4,68 | 1,98 |
| Desorptionsrate / % | 61,73 | 64,85 | 66,15 | 66,59 | 66,87 | 67,16 |
| $\Delta$(Desorptionsrate) / % | - | 5,06 | 2,01 | 0,65 | 0,42 | 0,43 |
| Rich loading / mol mol$^{-1}$ | 0,7583 | 0,7089 | 0,6299 | 0,5584 | 0,4881 | 0,4401 |
| Lean loading / mol mol$^{-1}$ | 0,2902 | 0,2492 | 0,2132 | 0,1866 | 0,1618 | 0,1446 |
| $\Delta$(RL-LL) / mol mol$^{-1}$ | 0,4680 | 0,4597 | 0,4167 | 0,3718 | 0,3263 | 0,2955 |
| $\Delta$($\Delta$(RL-LL)) / % | - | -1,78 | -9,35 | -10,78 | -12,23 | -9,44 |

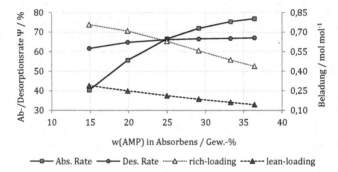

Abbildung 55: Darstellung der Ab-/Desorptionseffizienz bei Variation der Amin-Konz. (AMP).

Tabelle 29: Ergebnisse der energetischen Effizienz bei Variation der Amin-Konzentration (AMP).

| w(AMP) / Gew.-% | 14,8 | 19,9 | 24,9 | 29,1 | 33,3 | 36,4 |
|---|---|---|---|---|---|---|
| Kondensator / MW | -16,2 | -21,2 | -24,2 | -25,3 | -25,5 | -25,3 |
| RL-HE / MW | 125,3 | 131,8 | 135,7 | 137,1 | 137,7 | 137,8 |
| LR-HE / MW | -133,9 | -136,1 | -138,5 | -140,5 | -142,8 | -144,4 |
| Reboiler / MW | 39,6 | 55,6 | 68,5 | 76,2 | 81,9 | 85,1 |
| Summe / MW | 14,8 | 30,0 | 41,4 | 47,5 | 51,3 | 53,2 |
| Summe (LR-HE) / MW | -8,6 | -4,4 | -2,8 | -3,4 | -5,1 | -6,6 |
| Reboiler Duty / kJ kg(CO$_2$)$^{-1}$ | 2305,9 | 2347,2 | 2421,7 | 2490,4 | 2557,1 | 2604,7 |
| $\Delta$(Reboiler Duty) / % | - | -14,46 | -5,39 | -0,24 | 1,89 | 2,02 |

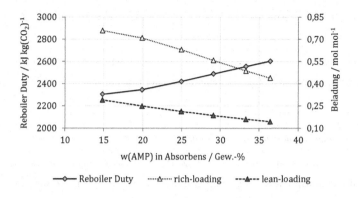

Abbildung 56: Darstellung der energetischen Effizienz bei Variation der Amin-Konzentration (AMP).

### 4.2.5.3 Auswertung der Ergebnisse

Die Studie bezüglich der Konzentration des Absorbens hat ergeben, dass wie vermutet ein signifikanter Einfluss besteht. Für die Absorptionsrate hat sich beim MEA im Konzentrationsintervall [15,1; 31,8] Gew.-% eine Steigerung der Absorptionsrate um *68,6 %* sowie einer Verminderung der Desorptionsrate um *63,1 %* ergeben. Für den AMP-Fall hat sich in einem Intervall von [14,8; 36,4] Gew.-% eine Steigerung der Absorptionsrate um *90,4 %* und eine Steigerung der Desorptionsrate um *8,8 %* ergeben. In den Bereichen des oberen Limits für das Konzentrationsintervall nimmt die prozentuale Steigerung der Absorptionsrate nicht mehr so stark zu, wie dies für den Bereich des unteren Limits der Fall ist. Unter Berücksichtigung aller genannten wirtschaftlichen und prozessbezogenen Aspekte sollte ein Wert im oberen Bereich des Konzentrationsintervalls angestrebt werden.

Aus energetischer Sicht zeigt sich im MEA-Fall an der RD eine Besonderheit, da diese im Gegensatz zum AMP-Fall im betrachteten Intervall kontinuierlich abnimmt. Dieses Phänomen lässt sich darauf zurückführen, dass die zunehmende Exothermie im MEA-Fall aufgrund der erhöhten Reaktionswärme zu einer ansteigenden Absorber-Austrittstemperatur führt. Diese Wärme kann im LR-HE genutzt werden und vermindert den benötigten Energieeintrag im Reboiler. Der prozentuale Anstieg des im Reboiler formulierten Wärmebedarfes im MEA-Fall im Vergleich zum AMP-Fall unterstützt diese These.

Eine Verbesserung der Ab- und Desorptionseffizienz ist im AMP-Fall daher nur zu Lasten der energetischen Effizienz, gemessen an der RD, möglich.

### 4.2.6    Temperatur des eintretenden Absorbens

Die Temperatur des Absorbens in der Absorberkolonne ermöglicht Rückschlüsse auf den Absorptionsprozess. Als Bezugsgröße kann die Temperatur in einem Temperaturprofil entlang der Kolonnenhöhe dargestellt werden, wie dies bereits in Abschnitt 4.1 im Zuge der *base case* Simulationen vorgenommen worden ist. Dieses spiegelt hierbei die Intensität der ablaufenden Reaktionen wieder. Da es sich bei der Reaktivabsorption um exotherme Reaktionen handelt, sind die Zonen mit ausgeprägtem Temperaturprofil und entsprechend hohen Temperaturen die reaktiven Zonen. Die Temperatur des eintretenden Absorbens wird mitunter durch die Umgebungstemperatur beeinflusst, falls kein zusätzlicher, energetischer Aufwand betrieben werden soll. Gezielte Aufheiz- und Abkühlvorgänge können die Absorptionsvorgänge sowohl negativ als auch positiv beeinflussen.

Welchen expliziten Einfluss die Temperatur des *eintretenden* Absorbens auf das Temperaturprofil des Absorbens im Absorber und demnach auf die Ab- und Desorptionseffizienz sowie die energetischen Gegebenheiten ausübt, soll im Folgenden untersucht werden.

Die Temperatur ist durch die Schmelztemperatur der Mischung (<< 30 °C für AMP-Fall; << 10 °C für MEA-Fall (vgl.

Tabelle 2)) nach unten begrenzt. Für eine AMP-95-Mischung (Gemisch mit 5 % $H_2O$) beispielsweise liegt der Schmelzpunkt bereits < -2 °C (laut TRGS 900 des BAuA zu AMP).

## 4.2.6.1   Ergebnisse für MEA

Tabelle 30: Ergebnisse der Ab-/Desorptionseffizienz bei Variation der Abs.-Temperatur (MEA).

| Temp. Absorbens / °C | 25 | 30 | 35 | 40 | 45 | 50 | 55 | 60 |
|---|---|---|---|---|---|---|---|---|
| Absorptionsrate / % | 87,49 | 87,03 | 86,55 | 86,09 | 85,63 | 85,16 | 84,69 | 84,22 |
| Δ(Absorptionsrate) / % | - | -0,52 | -0,55 | -0,54 | -0,54 | -0,54 | -0,55 | -0,56 |
| Desorptionsrate / % | 42,52 | 42,32 | 42,11 | 41,90 | 41,69 | 41,48 | 41,26 | 41,04 |
| Δ(Desorptionsrate) / % | - | -0,46 | -0,50 | -0,50 | -0,50 | -0,51 | -0,52 | -0,53 |
| Rich loading / mol mol$^{-1}$ | 0,4925 | 0,4923 | 0,4922 | 0,4921 | 0,4920 | 0,4920 | 0,4920 | 0,4919 |
| Lean loading / mol mol$^{-1}$ | 0,2831 | 0,2839 | 0,2849 | 0,2859 | 0,2870 | 0,2880 | 0,2890 | 0,2901 |
| Δ(RL-LL) / mol mol$^{-1}$ | 0,2094 | 0,2083 | 0,2072 | 0,2061 | 0,2051 | 0,2040 | 0,2029 | 0,2019 |
| Δ(Δ(RL-LL)) / % | - | -0,51 | -0,53 | -0,52 | -0,52 | -0,52 | -0,52 | -0,53 |

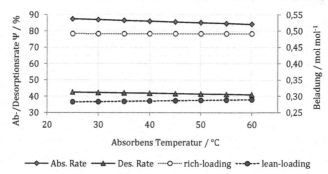

Abbildung 57: Darstellung der Ab-/Desorptionseffizienz bei Variation der Abs.-Temperatur (MEA).

Tabelle 31: Ergebnisse der energetischen Effizienz bei Variation der Abs.-Temperatur (MEA).

| Temp. Absorbens / °C | 25 | 30 | 35 | 40 | 45 | 50 | 55 | 60 |
|---|---|---|---|---|---|---|---|---|
| Kondensator / MW | -75,1 | -74,5 | -74,0 | -73,4 | -72,9 | -72,3 | -71,8 | -71,2 |
| RL-HE / MW | 231,1 | 230,1 | 228,4 | 226,8 | 225,1 | 223,5 | 221,9 | 220,3 |
| LR-HE / MW | -267,3 | -253,0 | -237,3 | -221,8 | -206,4 | -191,3 | -176,3 | -161,5 |
| Reboiler / MW | 148,6 | 147,6 | 146,3 | 145,1 | 143,9 | 142,7 | 151,5 | 164,0 |
| Summe / MW | 38,0 | 50,2 | 63,4 | 76,7 | 89,8 | 102,6 | 125,3 | 151,5 |
| Summe (LR-HE) / MW | -35,5 | -22,9 | -8,9 | 5,0 | 18,7 | 32,2 | 45,6 | 58,8 |
| Reboiler Duty / kJ kg(CO$_2$)$^{-1}$ | 3993,7 | 3982,3 | 3975,9 | 3965,3 | 3953,2 | 3941,3 | 4207,5 | 4578,7 |
| Δ(Reboiler Duty) / % | - | -0,02 | -0,08 | 4,49 | 12,13 | 10,78 | 9,71 | 8,82 |

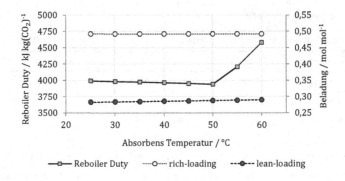

Abbildung 58: Darstellung der energetischen Effizienz bei Variation der Abs.-Temperatur (MEA).

### 4.2.6.2 Ergebnisse für AMP

Tabelle 32: Ergebnisse der Ab-/Desorptionseffizienz bei Variation der Abs.-Temperatur (AMP).

| Temp. Absorbens / °C | 30 | 35 | 40 | 45 | 50 | 60 |
|---|---|---|---|---|---|---|
| Absorptionsrate / % | 72,53 | 72,28 | 71,98 | 71,67 | 71,29 | 70,42 |
| Δ(Absorptionsrate) / % | - | -0,34 | -0,41 | -0,44 | -0,53 | -1,22 |
| Desorptionsrate / % | 66,49 | 66,54 | 66,59 | 66,62 | 66,65 | 66,67 |
| Δ(Desorptionsrate) / % | - | 0,08 | 0,07 | 0,05 | 0,04 | 0,03 |
| Rich loading / mol mol$^{-1}$ | 0,5631 | 0,5607 | 0,5584 | 0,5555 | 0,5525 | 0,5457 |
| Lean loading / mol mol$^{-1}$ | 0,1887 | 0,1876 | 0,1866 | 0,1855 | 0,1843 | 0,1820 |
| Δ(RL-LL) / mol mol$^{-1}$ | 0,3743 | 0,3731 | 0,3718 | 0,3700 | 0,3682 | 0,3637 |
| Δ(Δ(RL-LL)) / % | - | -0,33 | -0,35 | -0,48 | -0,50 | -1,21 |

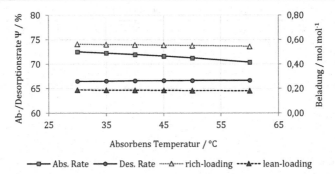

Abbildung 59: Darstellung der Ab-/Desorptionseffizienz bei Variation der Abs.-Temperatur (AMP).

110

Tabelle 33: Ergebnisse der energetischen Effizienz bei Variation der Abs.-Temperatur (AMP).

| Temp. Absorbens / °C | 30 | 35 | 40 | 45 | 50 | 60 |
|---|---|---|---|---|---|---|
| Kondensator / MW | -25,6 | -25,4 | -25,3 | -25,2 | -25,0 | -24,6 |
| RL-HE / MW | 139,3 | 138,2 | 137,1 | 135,9 | 134,7 | 132,2 |
| LR-HE / MW | -162,1 | -151,3 | -140,5 | -129,7 | -119,1 | -97,9 |
| Reboiler / MW | 77,2 | 76,7 | 76,2 | 75,7 | 75,3 | 89,9 |
| Summe / MW | 28,8 | 38,2 | 47,5 | 56,8 | 65,9 | 99,6 |
| Summe (LR-HE) / MW | -22,8 | -13,1 | -3,4 | 6,2 | 15,7 | 34,3 |
| Reboiler Duty / kJ kg($CO_2$)$^{-1}$ | 2502,7 | 2495,9 | 2490,4 | 2485,1 | 2482,6 | 3002,9 |
| $\Delta$(Reboiler Duty) / % | - | -0,14 | -0,11 | 10,92 | 15,26 | 26,64 |

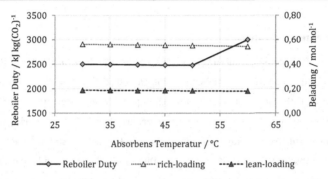

Abbildung 60: Darstellung der energetischen Effizienz bei Variation der Abs.-Temperatur (AMP).

### 4.2.6.3 Auswertung der Ergebnisse

Die Untersuchungen der Variation der Temperatur des eintretenden Absorbens haben gezeigt, dass diese bezüglich der Ab- und Desorptionseffizienz eher einen marginalen Einfluss besitzt. Bei Änderung der Temperatur um jeweils 5 K im Intervall von 30 – 50 °C ändert sich die Absorptionsrate um maximal *0,55 %* (MEA) bzw. *0,53 %* (AMP) sowie die Desorptionsrate um *0,53 %* (MEA) bzw. *0,08 %* (AMP). Als Ursache kann hierzu angefügt werden, dass die Absorbens i.A. aufgrund ihrer geringen spezifischen Wärmekapazitäten (vgl. Kapitel 2.3.2) die freiwerdende Reaktionswärme der exothermen Reaktionen sehr rasch aufnehmen. Dieser Aspekt führt dazu, dass die Temperatur des Absorbens aufgrund der Reaktion mit $CO_2$ ebenfalls rasch zunimmt,

111

sodass der Einfluss einer niedrigeren Absorbens-Eintrittstemperatur egalisiert wird. Allgemein lässt sich festhalten, dass mit ansteigender Temperatur des Absorbens die Absorptionsrate abnimmt. Zudem nimmt die Diffusivität mit sinkender Temperatur ab.

Während der Wärmebedarf im Reboiler, gemessen an der RD, in beiden Fällen zunächst nahezu konstant bleibt, nimmt dieser ab einer Absorber-Eintrittstemperatur von rund 50 °C rasant zu. Dieses Phänomen ist darauf zurückzuführen, dass die überschüssige Energie im LR-HE nicht mehr zu Verfügung steht (Stichwort: verminderte Abkühltemperatur) und demnach an anderer Stelle zu Lasten der RD dem Prozess zugeführt werden muss.

## 4.3  Parameteroptimierung

Im Zuge der Parameteroptimierung müssen zunächst die Ziele, unter deren Beachtung die Optimierung aller Anwendungsfälle erfolgen soll, definiert werden. Im Anschluss hieran können die Simulationen zur Erreichung der Ziele systematisch durchgeführt werden. Die Ergebnisse werden sowohl in tabellarischer (4.3.3) als auch graphischer (4.3.4) Form aufbereitet. Auf Basis der erzielten Ergebnisse soll im nachfolgenden Kapitel 5 in Abschnitt 5.1 die abschließende Diskussion der Eignung beider Absorbens für die entsprechenden Anwendungsfälle erörtert werden. Zudem soll ein aussagekräftiger Vergleich der Absorbens untereinander mit den Vor- und Nachteilen dargeboten werden.

### 4.3.1  Formulierung der Ziele

Um eine Vergleichbarkeit beider Absorbens zu ermöglichen, muss zunächst eine Bezugsgröße definiert werden, die in beiden Fällen identisch ist. In den meisten industriellen Prozessen werden Ziel- oder auch Grenzwerte an $CO_2$ im Reingas durch politische Regularien bestimmt.

Bei der Nachbehandlung von Abgasen aus Energieerzeugungsanlagen sind folgende Werte in der Literatur[100] gefunden worden.

a. NGCC (Natural Gas Combined Cycle) Anlagen (< 0,5 Vol.-% $CO_2$)

b. kohlebefeuerte Anlagen (< 1,5 Vol.-% $CO_2$)

Diese Angaben beziehen sich auf die in dieser Arbeit untersuchten Kraftwerkstypen, sodass diese Werte als Bezugsgröße herangezogen werden können. Da die Eingangskonzentrationen an $CO_2$ im Rohgas für die jeweiligen Anwendungsfälle vorgegeben sind, lassen sich die angegebenen Grenzwerte an $CO_2$ im Reingas über die dadurch *geforderten Absorptionsraten* $\Psi_{abs}$ ausdrücken. Unter Zuhilfenahme des idealen Gasgesetzes lassen sich die in der Simulation betrachteten molaren Ströme in die entsprechenden Volumenströme umrechnen. Hierbei gilt, dass ein Mol eines idealen Gases unter konstanten Bedingungen (Temperatur, Druck) immer das gleiche Volumen einnimmt, sprich unter idealen Bedingungen (T = 273 K und p = 1 atm) 22,4 l.[101] Die Molanteile in der Gasphase stimmen entsprechend mit den Volumenanteilen überein und können daher direkt als Bezugsgröße hinzugezogen werden.

Somit ergeben sich die Absorptionsraten $\Psi_{abs}$ über Gl. (3.4.1) gemäß Tabelle 34.

Tabelle 34: Zielgrößen der Absorptionsraten.

| Prozessgröße | Gasbefeuertes | Kohlebefeuertes |
|---|---|---|
| y($CO_2$),ein / mol | 0,0476 | 0,142 |
| y($CO_2$),aus / mol | 0,005 | 0,015 |
| $\Psi_{abs}$ / % | 89,50 | 89,44 |

Da die benötigten Absorptionsraten sehr dicht beieinander liegen, kann ebenfalls eine Vergleichbarkeit der unterschiedlichen Kraftwerksprozesse sichergestellt werden. Es wird eine *Absorptionsrate* $\Psi_{abs}$ *von rund 90 %* für alle betrachteten Prozesse und Absorbens angestrebt.

Das genannte Ziel ist möglichst unter Nutzung minimaler Ressourcen zu erreichen. Insbesondere der energetische Bedarf spielt hierbei in der Industrie eine wesentliche

---

[100] (Aboudheir & McIntyre, 2009)

[101] (Vinke, et al., 2013), S. 120

113

Rolle. Die in Abschnitt 4.2 genannten Hinweise und Aspekte müssen hierbei zwingend Beachtung finden. Aus vorhergehenden genannten Gründen kann daher beispielsweise die Konzentration an Absorbens in Lösung nicht beliebig erhöht oder die Kolonnenhöhe signifikant nach oben korrigiert werden. Eine geschickte Kombination der untersuchten Parameter zur Erreichung der Ziele ist unter Beachtung der ermittelten prozentualen Veränderungen vorzunehmen.

### 4.3.2 Vorgehensweise zur Wahl der Parameter

Durch geschickte Wahl der Parameter aus Abschnitt 4.2 ist die Erreichung der geforderten Ziele aus Abschnitt 4.3.1 erfolgreich durchgeführt worden.

Die Absorberhöhe ist auf Basis von Erfahrungswerten aus Industrie und Technik sowie Empfehlungen von Herstellern strukturierter Packungen (Firma Sulzer) mit einem Richtwert von *32 m* für alle Anwendungsfälle angenommen worden. Zudem ist die Eintrittstemperatur des Absorbens unter Berücksichtigung der Beobachtungen und Erkenntnisse aus Abschnitt 4.2.6 auf *30 °C* festgesetzt worden. Auf externen, zusätzlichen Kühlaufwand ist hierbei verzichtet worden, da der Einfluss des Parameters der Temperatur des eintretenden Absorbens zu geringe Auswirkungen auf die Ab- und Desorptionseffizienz sowie energetische Bilanz ausgeübt hat.

In einem nächsten Schritt sind die Konzentrationen an den entsprechenden Alkanolaminen in Lösung festgelegt worden. Für die Betrachtung des MEA-Falls hat sich vor dem Hintergrund einer umfangreichen Literaturrecherche (siehe (Schmitz, 2014)) sowie Erfahrungen aus der Industrie (Bsp. Fluor`s Econamine FG[SM], siehe (Reddy & Gilmartin, 2008)) ein etablierter Wert von rund *30 Gew.-%* MEA in Lösung ergeben (Kohle-Fall: 30,34 Gew.-%; Gas-Fall: 30,29 Gew.-%). Zu dem Idealwert auftretende Abweichungen im Nachkommastellen-Bereich sind hierbei numerischen Unsicherheiten (z.B. Berechnung der Konzentration an Elektrolyten) geschuldet. Insbesondere unter der Berücksichtigung der Phänomene der thermischen und oxidativen Degradation hat sich dieser Wert unter Zugabe eines Korrosionsinhibitors (Additiv) als praktikabel erwiesen. Auch für den AMP-Fall müssen diese Phänomene Berücksichtigung finden, jedoch lässt sich nach Untersuchungen für AMP ein höherer Wert an Konzentration in Lösung realisieren. Unter der Berücksichtigung der Erkenntnisse aus Abschnitt 4.2.5.2 ist ein dem gegenüber MEA leicht erhöhter Wert von *34 Gew.-%* für den AMP-Fall als sinnvoll betrachtet worden (Kohle-Fall: 34,35 Gew.-%; Gas-Fall: 34,32 Gew.-%). Hierbei ist der gebotene Handlungsspielraum nach oben in einem gewissen Rahmen ausgenutzt worden, ohne hierbei die Annahme eines für die Industrie ungewöhnlich hohen Wertes zu treffen. Zudem sei an dieser Stelle anzumerken, dass ebenfalls finanzielle Aspekte (Anschaffungs- und Nachführungskosten) neben den bekannten Betriebsproblematiken zu beachten sind (siehe hierzu Kapitel 5.3).

Zur Festlegung des Absorbensstroms sind vor allem die Erkenntnisse aus Abschnitt 4.2.2 berücksichtigt worden. Dem Bestreben des minimalen Einsatzes an Absorbens unter Berücksichtigung der energetischen Effizienz ist durch eine systematische Analyse Rechnung getragen worden. Ein Vergleich der Ab- und Desorptionseffizienz mit der energetischen Effizienz bei Variation des L/G-Verhältnisses ist hierzu vorgenommen worden. Hierbei sind für jeden der genannten Anwendungsfälle abschließende Überprüfungen der Annahmen getätigt worden. Die Werte hierzu sind in der Tabelle 35 aufgeführt und werden in Kapitel 5.1 näher diskutiert und erläutert.

Der Parameter des Druckes im Desorber hat sich neben der Temperatur im Reboiler im Zuge der Sensitivitätsanalyse als ein signifikanter Einflussparameter gezeigt. Durch Absenkung des Druckes sowie Anhebung der Temperatur ist die Ab- und Desorptionseffizienz (meist) zu Lasten der energetischen Effizienz verbessert worden. Der Parameter des Druckes im Desorber birgt jedoch zwei wesentliche Gefahren in sich. Zum einen nehmen die Verluste am Kopf des Desorbers zu, sodass die Leistung im Kondensator signifikant nach oben korrigiert werden muss. Zum anderen beeinflusst die Parameterkonstellation zwischen Druck und Temperatur die auftretenden Betriebsprobleme, insbesondere der thermischen Degradation. Vor allem vor dem Hintergrund, dass der Einfluss des Druck hier nicht so ausgeprägt untersucht worden ist wie der Einfluss der Temperatur im Reboiler, hat dazu geführt, dass ein der Atmosphäre leicht erhöhter Druck von rund 2 bar sich in der Industrie etabliert hat. Daher ist dieser Parameter nicht als variable Größe zur Zielerreichung hinzugezogen worden.

Die Anpassung der Temperatur im Reboiler sowie die Einstellung einer (energetisch) sinnvollen Eintrittstemperatur in den Desorber (Temperatur im LR-HE) ist in einer gemeinsamen systematischen Analyse durchgeführt worden. Hierbei sind die Ergebnisse und Beobachtungen vor allem vor dem Hintergrund der energetischen Effizienz bewertet worden. Die Ergebnisse der Untersuchungen lassen sich ebenfalls der Tabelle 35 entnehmen und werden in Kapitel 5.1 näher erörtert.

### 4.3.3   Tabellarische Ergebnisübersicht

Um eine Vergleichbarkeit der beiden Absorbens zu ermöglichen und zu erleichtern, ist eine Übersicht mit den wichtigsten Ergebnissen in Tabelle 35 dargeboten.

Tabelle 35: Übersicht der optimierten Simulationen.

| Prozessgröße | Kohlebefeuerter Kraftwerksprozess | | Gasbefeuerter Kraftwerksprozess | |
| --- | --- | --- | --- | --- |
| | MEA | AMP | MEA | AMP |
| Gasstrom / kg $s^{-1}$ | 201,20 | 201,20 | 276,66 | 276,66 |
| Absorbensstrom / kg $s^{-1}$ | 812,78 | 611,13 | 471,35 | 361,93 |
| L/G-Verhältnis / mol $mol^{-1}$ | 4,81 | 3,55 | 1,91 | 1,45 |
| $H_2O$-Makeup / kg $s^{-1}$ | 5,48 | 5,15 | 4,03 | 3,64 |
| *Temperaturen / °C* | | | | |
| Gas Eintritt | 41,93 | 41,93 | 54,28 | 54,28 |
| Gas Austritt | 52,96 | 51,71 | 51,26 | 50,71 |
| Absorbens Eintritt | 30,00 | 30,00 | 30,00 | 30,00 |
| Absorbens Austritt | 51,41 | 55,68 | 48,18 | 49,88 |
| Desorber Eintritt | 107,67 | 99,71 | 107,98 | 102,75 |
| Reboiler | 119,20 | 116,00 | 118,80 | 117,50 |
| Aminkonzentration / Gew.-% | 30,34 | 34,35 | 30,29 | 34,32 |
| Druck im Absorber / bar | 1,1 | 1,1 | 1,1 | 1,1 |
| Druck im Desorber / bar | 2,0 | 2,0 | 2,0 | 2,0 |
| Lean-Loading / mol $mol^{-1}$ | 0,2797 | 0,0799 | 0,2881 | 0,0637 |
| Rich-Loading / mol $mol^{-1}$ | 0,4957 | 0,4532 | 0,4713 | 0,3716 |
| Absorptionsrate / % | *90,24* | *90,98* | *90,65* | *90,87* |
| Desorptionsrate / % | 43,58 | 82,37 | 38,88 | 82,87 |
| *Wärmebedarf / MW* | | | | |
| Kondensator | -58,63 | -31,17 | -29,66 | -19,02 |
| Reboiler | 134,07 | 102,75 | 67,96 | 55,08 |
| Lean → Rich Wärmeübertrager | -254,01 | -183,51 | -145,94 | -110,80 |
| Rich → Lean Wärmeübertrager | 201,26 | 130,94 | 115,43 | 85,24 |
| Σ Wärmebedarf | 22,69 | 19,01 | 7,79 | 10,50 |
| Reboiler-Duty / kJ $kg(CO_2)^{-1}$ | 3494,38 | 2656,27 | 3607,29 | 2916,36 |

Die Tabelle 35 zeigt hierbei die wichtigsten Ergebnisse bezüglich Ab- und Desorptionseffizienz sowie der energetischen Effizienz auf. Zudem sind wichtige Angaben zu den Betriebsgrößen Temperatur, Druck und Konzentration an eingesetztem Alkanolamin in Lösung, auftretende Massenströme sowie geforderte Wärmebedarfe aufgeführt.

Eine Diskussion der Ergebnisse wird auf Basis dieser Erkenntnisse zusammen mit den Beobachtungen aus Abschnitt 4.3.4 in Kapitel 5.1 vorgenommen.

### 4.3.4    Illustration der Ergebnisse

#### 4.3.4.1    Kohlebefeuerter Kraftwerksprozess

Für eine illustrative Darstellung der $CO_2$-Konzentrationsprofile entlang der Kolonnenhöhe können die Abbildung 61 (Absorber) sowie die Abbildung 62 (Desorber) hinzugezogen werden.

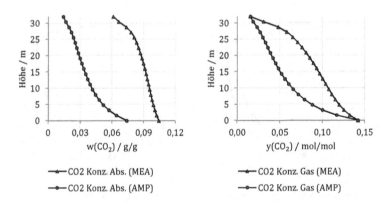

Abbildung 61: $CO_2$-Konzentrationsprofile des optimierten Kohle-Falls im *Absorber* für das Absorbens (links) und das Gas (rechts) (Bedingungen laut Tabelle 35).

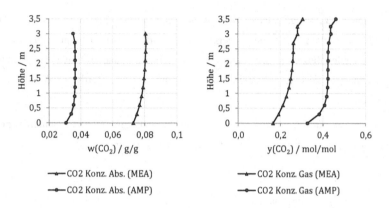

Abbildung 62: $CO_2$-Konzentrationsprofile des optimierten Kohle-Falls im *Desorber* für das Absorbens (links) und das Gas (rechts) (Bedingungen laut Tabelle 35).

Ein weitere wichtige Betriebs- und Prozessgröße ist die Temperatur, welche in der Abbildung 63 (Absorber) und der Abbildung 64 (Desorber) visualisiert wird.

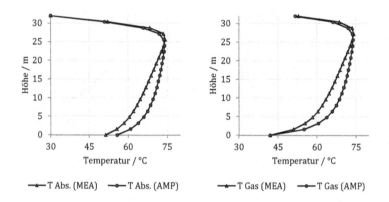

Abbildung 63: Temperaturprofile des optimierten Kohle-Falls im *Absorber* für das Absorbens (links) und das Gas (rechts) (Bedingungen laut Tabelle 35).

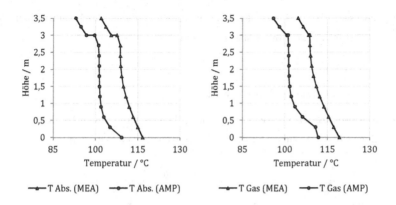

Abbildung 64: Temperaturprofile des optimierten Kohle-Falls im *Desorber* für das Absorbens (links) und das Gas (rechts) (Bedingungen laut Tabelle 35).

Die Temperaturprofile geben Aufschluss über die Intensität der ablaufenden Reaktionen und zeigen die Bereiche auf, in denen die Reaktionen vermehrt auftreten.

Als letzte Betriebsgröße soll die Belastung des Absorbers (siehe Abbildung 65) illustriert werden. Hierzu werden in Analogie zu Kapitel 4.1 die Flüssigbelastung sowie die Gasbelastung entlang der Kolonnenhöhe aufgetragen.

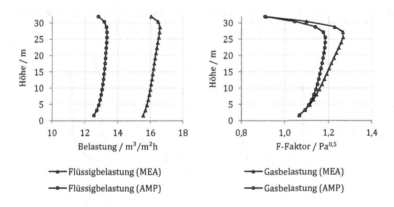

Abbildung 65: Flüssig- (links) und Gasbelastung (rechts) im *Absorber* für den optimierten Kohle-Fall (Bedingungen laut Tabelle 35).

Anhand Abbildung 65 sind direkte Informationen über die eingesetzten volumetrischen Ströme an Absorbens und Gas ersichtlich, bezogen auf die Dimensionierung

(Durchmesser) der Kolonne. Es können zudem indirekt Rückschlüsse auf die hydrodynamischen Verhältnisse abgeleitet werden.

### 4.3.4.2 *Gasbefeuerter Kraftwerksprozess*

Die $CO_2$-Konzentrationsprofile für Absorber (Abbildung 66) sowie für den Desorber (Abbildung 67) sind ebenfalls für den optimierten Gas-Fall erstellt worden.

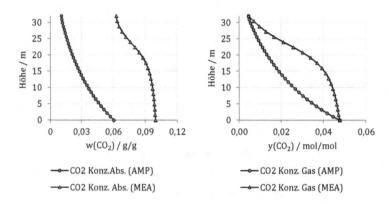

Abbildung 66: $CO_2$-Konzentrationsprofile des optimierten Gas-Falls im *Absorber* für das Absorbens (links) und das Gas (rechts) (Bedingungen laut Tabelle 35).

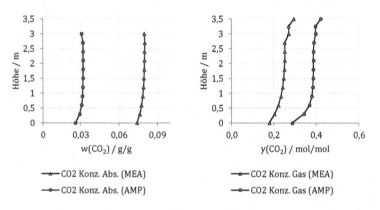

Abbildung 67: $CO_2$-Konzentrationsprofile des optimierten Gas-Falls im *Desorber* für das Absorbens (links) und das Gas (rechts) (Bedingungen laut Tabelle 35).

Die entsprechenden Temperaturprofile für den optimierten Gas-Fall sind für den Absorber (Abbildung 68) sowie für den Desorber (Abbildung 69) aufgeführt worden. Als Besonderheit gegenüber dem optimierten Kohle-Fall lässt sich an dieser Stelle bereits festhalten, dass die Temperaturprofile im optimierten Kohle-Fall deutlich ausgeprägter sind. Zudem treten im Kohle-Fall deutlich erhöhte Temperaturen auf. Die erhöhte Eintrittstemperatur des Rohgases im Gas-Fall übt hierbei keinen wesentlichen Effekt auf die Temperaturprofile aus.

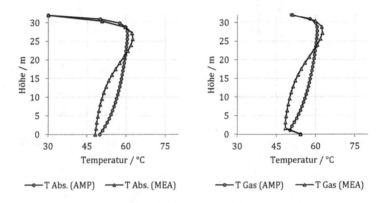

Abbildung 68: Temperaturprofile des optimierten Gas-Falls im *Absorber* für das Absorbens (links) und das Gas (rechts) (Bedingungen laut Tabelle 35).

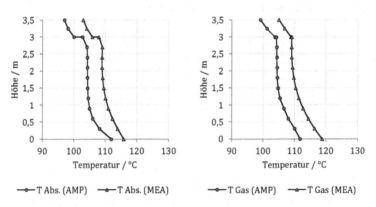

Abbildung 69: Temperaturprofile des optimierten Gas-Falls im *Desorber* für das Absorbens (links) und das Gas (rechts) (Bedingungen laut Tabelle 35).

Die Gas- und Flüssigbelastung in dem Absorber für den Gas-Fall werden in Analogie zu Abschnitt 4.3.4.1 in Abbildung 70 aufgeführt.

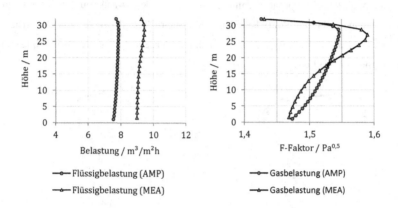

Abbildung 70: Flüssig- (links) und Gasbelastung (rechts) im *Absorber* für den optimierten Gas-Fall (Bedingungen laut Tabelle 35).

Mit Hilfe der Beobachtungen aus den Illustrationen gemäß der Abschnitte 4.3.4.1 sowie 4.3.4.2 sollen nun im nachfolgenden Kapitel 5 die Ergebnisse reflektiert und vor dem Hintergrund theoretischer Aspekte erläutert werden.

# 5 Fazit

Im nachfolgenden Kapitel sollen im Abschnitt 5.1 die Ergebnisse der Untersuchungen (insbesondere Abschnitt 4.3) zusammengefasst und erläutert werden. Es soll ein Vergleich beider Absorbens vor dem Hintergrund der betrachteten Anwendungsfälle vorgenommen und die Vor- und Nachteile der jeweiligen Absorbens aufgezeigt werden. Hieran schließt in Abschnitt 5.2 eine kritische Gesamtbewertung der vorliegenden Masterarbeit an, durch welche dem Leser Erfahrungen sowie Probleme und deren Lösungsansätze bei Bearbeitung der Aufgabenstellung vermittelt werden. Zudem sollen vor dem Hintergrund aktueller Forschungen einige kritische Anregungen aufgezeigt werden. Im letzten Abschnitt 5.3 wird auf Basis der gewonnen Erkenntnisse eine Handlungsempfehlung ausgesprochen und hiermit ein klarer Standpunkt manifestiert.

## 5.1 Diskussion der Ergebnisse

Durch die geschickte Kombination der variablen Betriebs- und Prozessgrößen sind die in Kapitel 4.3.1 genannten Ziele für alle vier betrachteten Anwendungsfälle unter Nutzung beider Absorbens erreicht worden. Hierbei haben beide Absorbens signifikante Unterschiede in ihrer Funktionsweise aufgezeigt, die im Folgenden hervorgehoben und erläutert werden sollen.

Die realisierte Absorptionsrate $\Psi_{abs}$ > 90 % basiert für beide Absorbens auf unterschiedlichen Faktoren. Für das MEA lässt sich besonders die hohe Reaktionsrate/ -geschwindigkeit, insbesondere die der kinetisch kontrollierten Reaktionen (siehe Kapitel 3.2.1), hervorheben. Für MEA zeigt sich dieser Aspekt vor allem in den entsprechenden $CO_2$-Konzentrationsprofilen aus Kapitel 4.3.4. Sowohl im Kohle- als auch im Gas-Fall findet die Absorption des $CO_2$ hauptsächlich im Kopf der Kolonne statt. Der Sumpf der Kolonne kann hingegen als nahezu chemisch inert (Gas-Fall) bzw. reaktionsträge (Kohle-Fall) betrachtet werden. Hierbei lässt sich die These durch Auswertung der entsprechenden Temperaturprofile aus Abschnitt 4.3.4. unterstützen.

Prägnante Ausprägungen des Profils finden sich hier vor allem im Kopf der Kolonne für den MEA-Fall.

Das AMP ist hierbei in seiner Funktionsweise gänzlich unterschiedlich, was inverse Beobachtungen in den oben genannten Profilen illustrieren. Vor allem im Bereich des Sumpfes der Kolonne zeigen sich prägnante Werte in sowohl Konzentrations- als auch Temperaturprofilen. Als wichtige Beobachtung lässt sich an dieser Stelle somit festhalten, dass das AMP im Gegensatz zum MEA die gesamte Kolonnenhöhe als Arbeitsbereich nutzt, wohingegen das MEA vor allem im Kopfbereich agiert. Jedoch darf trotz der genannten Beobachtungen der untere Bereich der Absorberkolonne im MEA-Fall nicht vernachlässigt werden.

Eine wichtige thermodynamische Größe, welche mit der Reaktionsrate beider Systeme korreliert, ist die freiwerdende Reaktionswärme/-enthalpie. Analysen haben hierbei gezeigt, dass diese für das MEA-$CO_2$-System signifikant höher ist als für das AMP-$CO_2$-System (siehe Tabelle 2). Diese These lässt sich auf die Exothermie sowie die erhöhte Reaktionsrate im MEA-Fall zurückführen. Beobachten lässt sich dies vor allem an der erhöhten Austrittstemperatur des Gases. Bei Betrachtung der Austrittstemperatur des Absorbens (Kohle- und Gas-Fall) fällt eine für das AMP erhöhte Temperatur gegenüber dem MEA auf. Dieser Aspekt lässt sich wiederum über einen verminderten Absorbensstrom im AMP-Fall erläutern. Vor allem die Tatsache, dass das Absorbens eine gegenüber dem Gas stark erhöhte Wärmekapazität besitzt, führt dazu, dass die freiwerdende Wärme nahezu vollständig von diesem aufgenommen wird. Aufgrund des verminderten Absorbensstroms im AMP-Fall ist die Temperaturzunahme somit stärker.

Ein zentraler Unterschied, der den Vorteil und entsprechend auch die Funktionsweise des AMP darstellt, lässt sich der Desorptionsrate entnehmen. Hier zeigt das AMP in beiden Anwendungsszenarien (Kohle: 82,37 %; Gas: 82,87 %) einen gegenüber dem MEA (Kohle: 43,58 %; Gas: 38,88 %) deutlich erhöhten Wert. Eine bessere Regenerierbarkeit lässt sich zudem im Kohle-Fall gegenüber dem Gas-Fall formulieren, welche der erhöhten Beladung des Absorbens mit $CO_2$ (siehe *Rich-Loading* gemäß Tabelle 35) am Austritt des Absorbers bedingt ist.

Aufgrund der verminderten Reaktionsenthalpie im Absorber für den AMP-Fall lässt sich ein niedrigerer Wärmebedarf im Desorber vermuten (Stichwort: schwächere Bindungen). Zudem lässt sich der Massentransport des $CO_2$ von der Flüssig- in die Gasphase aufgrund der geringeren Verdampfungsenthalpie im AMP-Fall energetisch günstiger realisieren (siehe Tabelle 2).

Die stark verbesserte Regenerierbarkeit des AMP ist ein in aktuellen Forschungen viel diskutierter Punkt, welcher als Potential für eine energetisch günstige Lösung der $CO_2$-Abscheidung identifiziert worden ist. Dieser Aspekt, welcher in nahezu allen bisher durchgeführten Untersuchungen lediglich in einer Einzelbetrachtung des Desorbers als Potential identifiziert worden ist, ist nun durch die vorliegende Arbeit bekräftigt worden. Vielmehr ist anstelle einer hypothetisch formulierten These der konkrete Einfluss sowohl auf die Ab- und Desorptionseffizienz als auch auf die energetische Bilanz des Systems identifiziert worden, da der *geschlossene Absorptions-Desorptions-Kreislauf* am Beispiel *realer Anwendungsszenarien* untersucht worden ist.

Ein weiterer Aspekt und Unterschied beider Absorbens lässt sich an der Konzentration des entsprechenden Alkanolamins in Lösung verdeutlichen. Vor dem Hintergrund der leicht erhöhten Konzentration des AMP (rund 34 Gew.-%) gegenüber dem MEA (rund 30 Gew.-%) in Lösung ($H_2O$) lässt sich der Gesamtmassenstrom an eingesetztem Absorbens in beiden Anwendungsszenarien um rund -30 % beim AMP gegenüber dem MEA verringern (siehe Tabelle 35). Mit Hilfe der Untersuchung des energetischen Parameters der Reboiler-Duty (RD) ist diese Beobachtungen des verminderten, benötigten Absorbensstroms beim AMP bestätigt worden. Zudem kann diese These durch die bereits aufgeführten Beobachtungen zu den Desorptionsraten nochmals bekräftigt werden.

Als abschließender Aspekt kann die energetische Effizienz beider Systeme für die jeweiligen Anwendungsfälle herangezogen werden. Anhand der Reboiler-Duty (RD), welche als primärer Parameter für die energetische Effizienz formuliert worden ist, lässt sich die Eignung der Absorbens für die entsprechenden Anwendungsfälle bewerten. Hierbei zeigt sich das AMP für die $CO_2$-Abscheidung aus beiden Abgasen (Kohle: 2656,27 kJ/kg($CO_2$); Gas: 2916,36 kJ/kg($CO_2$)) gegenüber dem MEA (Kohle: 3494,38 kJ/kg($CO_2$);

Gas: 3607,29 kJ/kg($CO_2$)) vorteilhaft. Hierbei ist anzumerken, dass im Gas-Fall der abgeschiedene $CO_2$-Massenstrom niedriger ist als im Kohle-Fall.

In Anbetracht der Tatsache, dass die Regeneration ebenfalls unter erschwerten Bedingungen (Erläuterung s.o.) abläuft, ist im Gas-Fall i.A. eine erhöhte RD zu erwarten. Dieser Trend ist durch die Simulationen bestätigt worden. Im direkten Vergleich beider Anwendungsfälle ergibt aus Sicht des MEA für den Kohle-Fall ein energetischer Mehraufwand von +31,6 %, für den Gas-Fall von +23,7 %.

Es zeigt sich, dass der energetische Vorteil vom AMP im Gas-Fall sich gegenüber dem Kohle-Fall verringert. Dieser Trend zeigt sich auch in der Wahl der Reboiler-Temperatur, bei der der Unterschied von 3,2 K (Kohle-Fall) auf 1,3 K (Gas-Fall) zwischen den beiden Absorbens schrumpft.

Als Zwischenergebnis lässt sich somit an dieser Stelle festhalten, dass das AMP vor allem in Abgasen mit hohem $CO_2$-Partialdruck (z.B. Kohlebefeuerte Kraftwerkstypen) den energetischen Vorteil bewahren kann. Das MEA hingegen realisiert hohe Absorptionsraten für beide Typen von Kraftwerksabgasen, bedarf jedoch aufgrund der erschwerten Regenerationsfähigkeit einem erhöhten energetischen Einsatz. Die aus energetischer Sicht benötigten Wärmebedarfe korrelieren mit den eingesetzten Absorbensströmen (siehe auch L/G-Verhältnis in Tabelle 35). Insbesondere in Reboiler und im LR-HE zeigt sich vom MEA-Kohle-Fall bis hin zum AMP-Gas-Fall ein kontinuierlich abnehmender Wert.

Ein letzter wichtiger und interessanter Aspekt zeigt sich in der Kondensatorleistung. Es lässt sich festhalten, dass im Kohle-Fall der konzentrierte $CO_2$-Abgasstrom im Kopf des Desorbers höher ist als im Gas-Fall und entsprechend mehr (Wasser-)Dampf ausgeschleust wird. Hierbei können sowohl Verluste an $H_2O$ sowie auch Absorbens genannt werden.

Durch geschickte Wahl der Prozessparameter, vor allem der Reboiler-Temperatur und des Druckes im Desorber, sind sowohl die Verluste an Absorbens als auch die an $H_2O$ (siehe $H_2O$-Makeup in Tabelle 35) auf ein Minimum reduziert worden.

Tabelle 36: Vergleich ausgewählter Eigenschaften beider Alkanolamine (MEA, AMP).

| Eigenschaft | MEA | AMP |
|---|---|---|
| Reaktionsrate (Kinetik) | + | -/o |
| Beladungskapazität | - /o | + |
| Reaktionswärme/- | -/o | o/+ |
| Desorptionsfähigkeit | - | + |
| Energetische Effizienz | -/o | + |
| Dampfdruck | - | -/o |
| Löslichkeit (in $H_2O$) | + | + |
| Alkalinität (Reinstoff) | + | + |
| Alkalinität (in Lösung) | o | o/+ |
| thermische Degradation | -/o | -/o |
| oxidative Degradation | - | + |
| Korrosion | - | + |

In der Tabelle 36 ist eine Bewertung der Vor- (+) und Nachteile (-) sowie einiger neutraler Aspekte (o) zu den beiden Absorbens vorgenommen worden, welche sich aus den oben genannten Ausführungen ergeben hat. Hierbei sind Erkenntnisse aus Forschung und Industrie mitberücksichtigt worden (vgl. (Schmitz, 2014)).

Durch Auswertung der Ergebnisse ist das Potential beider Absorbens im Kontext der betrachteten Anwendungsfälle erarbeitet worden. Zudem ist der Vergleich beider Absorbens in der Gegenüberstellung gemäß Tabelle 36 vorgenommen worden, auf dessen Basis zusammen mit den vorherigen Ausführungen in Abschnitt 5.3 eine konkrete Handlungsempfehlung ausgesprochen werden kann.

## 5.2   Kritische Gesamtbewertung

Vor dem Hintergrund der sehr anschaulichen Ergebnisse kann eine erfolgreiche Durchführung der gemäß Aufgabenstellung geforderten Punkte zum Ausdruck gebracht werden. Nichtsdestotrotz haben sich im Laufe der Arbeit immer wieder Aspekte ergeben oder gezeigt, auf deren Sachverhalt in dieser Arbeit nicht explizit eingegangen worden ist. Einige dieser Aspekte sollen im Folgenden kurz genannt und kritisch reflektiert werden.

Mit fortlaufendem Stand der Masterarbeit sind die Kenntnisse im Umgang mit dem *Prozesssimulator ACM* kontinuierlich verbessert und erweitert worden. Hierbei haben sich immer wieder simulationsbedingte Probleme ergeben, deren Lösung zunächst erarbeitet werden musste. Im Zuge der Implementierung der Reaktionssysteme, insbesondere für die der kinetisch kontrollierten Reaktionen, haben sich bei Durchlauf der Simulationen starke Konvergenzprobleme gezeigt. Es hat sich hierbei als vorteilhaft herausgestellt, die kinetisch kontrollierten Reaktionen nicht als eigenständige Gleichgewichtsreaktionen zu implementieren, sondern die Hin- und Rückreaktion separat zu formulieren. Insbesondere bei der Erstellung des Reaktionssystems für das AMP-$CO_2$-Modell gemäß Gl. (3.2.12) haben sich enorme Probleme bei der Konvergenz ergeben, die durch die separate Betrachtungsweise nahezu vollständig beseitigt werden konnten. Ebenfalls ist hierdurch die Recheneffizienz (Faktor: Zeit) gesteigert worden. Ein weiterer Punkt, den es zu beachten gilt, ist die Wahl der Toleranzen. Vor allem beim Schließen der Dummy-Ströme kann es hierbei zu Problemen kommen, sobald Toleranzen << 1 % angestrebt werden. Im Kontext Recheneffizienz lässt sich festhalten, dass ACM zur vollständigen Berechnung des geschlossen Absorption-Desorption-Kreislaufprozesses (je nach Modell) mehrere Stunden (ca. 8 – 14 h) benötigt. Hierbei hat die Wahl der Diskrete einen enormen Einfluss, wobei für die angegebenen Richtwerte die in Abschnitt 3.4 genannten Werte verwendet worden sind. Die Anzahl an Diskreten ist hierbei mehrfach überprüft worden, insbesondere für den geschlossenen Kreislauf bei der Analyse von Extremwerten im Zuge der Sensitivitätsanalyse (siehe auch Abschnitt 4.2).

Ein Aspekt, der nicht explizit in dieser Arbeit untersucht worden ist, jedoch einen entscheidenden Einfluss zur Bestimmung sensibler Modellparameter besitzt, sind die

*Korrelationen zur Berechnung der stofftransport- und fluiddynamischen Eigenschaften* (siehe Kapitel 2.2.4). In der Arbeit von (Razi, et al., 2013) ist dieser Aspekt am Beispiel des Gas- (430 MW) und kohlebefeuerten (800 MW) Kraftwerks unter Nutzung des Reaktivabsorptionsprozesses mittels des Alkanolamins MEA ausgiebig untersucht worden. Auswirkungen haben sich hier insbesondere bei der Ermittlung der Packungshöhe H ergeben, wobei die Unsicherheiten im Fall des gasbefeuerten Kraftwerks überwiegen. Ausschlaggebend hierfür sind die geringeren $CO_2$-Konzentrationen des eintretenden Rohgases, welche durch auftretende Unsicherheiten zu größeren prozentualen Abweichungen führen. Insbesondere die Korrelationen zur Berechnung der Stoffübergangskoeffizienten sowie der effektiven Stoffaustauschfläche besitzen hierbei einen signifikanten Einfluss. Durch die Nutzung der Korrelation nach (Tsai, et al., 2011) für die effektive Stoffaustauschfläche konnten einige negative Effekte, welche in (Razi, et al., 2013) berichtet worden sind, kompensiert werden. Zur Berechnung der Stoffübergangskoeffizienten sind in der Arbeit von (Afkhamipour & Mofarahi, 2014) insbesondere für strukturierte Packungen die Korrelationen nach (Hanley & Chen, 2012) hervorgehoben worden. In ihrer Sensitivitätsanalyse haben diese Korrelationen besonders gute Übereinstimmungen mit experimentellen Ergebnissen gezeigt. Für zukünftige Untersuchungen können die Korrelation nach (Hanley & Chen, 2012) getestet und mittels experimenteller Daten verifiziert oder verworfen werden. Hierbei sei als Empfehlung die Beachtung des Dokuments (Hanley & Chen, 2012, Corrections to "New Mass Transfer Correlations for Packed Towers") ausgesprochen, um neue korrigierende Erkenntnisse mit einzubeziehen.

Ein letzter Punkt, der sich im Laufe dieser Arbeit gezeigt hat, ist die *Bedeutung der Absorptionsrate als Zielgröße zur Optimierung des Gesamtprozesses.* In nahezu allen Studien zur Untersuchung der Nicht-/Eignung bestimmter Absorbens wird die Absorptionsrate als primäre Zielgröße definiert und ebenfalls als Vergleichsgröße hinzugezogen. Im Einklang mit den Ausführungen gemäß (Barzagli, et al., 2010) ist es für einen nachhaltigen, ökonomisch sinnvollen Prozess zur $CO_2$-Reduktion mit gegebenfalls anschließender $CO_2$-Sequestrierung sinnvoll, nicht lediglich die Absorptionsrate als Ziel- und Vergleichsgröße hinzuzuziehen, sondern vielmehr die Ab- und Desorptionsrate vor dem Hintergrund des gesamten gespeicherten und emittierten $CO_2$ (Differenz im engl. bezeichnet als: *net balance* „$CO_{2,captured}$ - $CO_{2,emitted}$") zu beleuchten. Hierbei berücksichtigt das emittierte $CO_2$ die Gesamtmenge an $CO_2$, welche durch den Verbrennungsvorgang fossiler Brennstoffe in die Atmosphäre abgegeben wird zur Breitstellung jeglicher für den Prozess benötigter Energie (elektrischer, thermischer sowie mechanischer). Hierbei müssen vom Zeitpunkt der Herstellung des Absorbens bis zur Vorbereitung (z.B. Druckerhöhung) und Lagerung (z.B. Sequestrierung) des rückgehaltenen $CO_2$ alle Emissionen berücksichtigt werden. Daher erscheint es sinnvoll, nicht die Absorptionsrate unter Einsatz jeglicher Mittel (Erhöhung der Amin-konzentration in Lösung, Erhöhung der Reboiler Temperatur etc.), welche häufig mit diversen Problemen wie erhöhte Korrosion oder auch oxidative und thermische Degradation einhergehen, auf exorbitante Werte >> 90 % zu treiben, sondern vielmehr einen realistischen Wert (z.B. 80-90 %) anzustreben unter Berücksichtigung der *net balance* „$CO_{2,captured}$ - $CO_{2,emitted}$". Für diese Arbeit ist ein sinnvoller Wert für die Absorptionsrate $\Psi_{abs}$ von rund 90 % vor dem Hintergrund gesetzlicher Regularien ermittelt worden. Zudem werden die Desorptionsrate und deren rückgekoppelter Einfluss auf den Absorptionsprozess durch die Betrachtung des geschlossenen Kreislaufprozesses mitberücksichtigt. Die Bewertung des Herstellungsprozesses des Absorbens sowie der Nachbehandlung (u.a. Sequestrierung) muss hierbei an anderer Stelle geschehen. Die Ergebnisse dieser Arbeit lassen sich mit den so ermittelten Kenngrößen vereinen und als Handlungsempfehlung über eine „neuartige" Betrachtungsweise manifestieren.

## 5.3 Handlungsempfehlung

Auf Basis der Ergebnisse dieser Masterarbeit kann die Handlungsempfehlung dahingehend ausgesprochen werden, dass das sterisch gehinderte Alkanolamin 2-Amino-2-methyl-1-propanol (AMP) aus technischer Sicht eine vielversprechende Alternative zu dem primären Alkanolamin Monoethanolamin (MEA) darstellt. Hierbei können insbesondere die gute Regenerierbarkeit (niedrigerer Wärmebedarf bei moderaten Reboilertemperaturen mit vergleichbaren Druckniveaus), die ermöglichte höhere Aminkonzentration in Lösung, der verminderte Absorbensmassenstrom, eine erhöhte Beladungskapazität sowie die höhere Stabilität des Moleküls (u.a. gegen oxidative Degradation) und somit geringere Korrosionsneigung positiv hervorgehoben werden. Dem gegenüber steht eine verminderte Reaktionsrate im Vergleich zum MEA, sodass die Absorberhöhe und die damit verbundene Verweilzeit in der Kolonne wichtige Betriebsparameter darstellen. Dieser Aspekt zeigt sich vor allem in dem Rich-Loading für das AMP (Kohle-Fall: 0,4532 mol/mol; Gas-Fall: 0,3716 mol/mol; siehe Tabelle 35), dessen Werte noch weit von dem im Gleichgewichtszustand theoretisch möglichen Wert von ein Mol $CO_2$ je Mol Amin abweicht. Zudem sind ein, mit dem MEA vergleichbarer, erhöhter Dampfdruck (Stichwort: Absorbensverluste) sowie die Anfälligkeit gegen thermische Degradation zu nennen, wobei die Zersetzungsprodukte im Gegensatz zum MEA i.d.R. nicht korrosiv wirken. Aus sicherheitstechnischer Sicht können beide Amine bei entsprechender Beachtung der Schutzmaßnahmen als benutzerfreundlich bezeichnet werden. Auch die Gesundheit betreffende Angaben deuten bei korrektem und aufmerksamem Umgang mit den Stoffen keine erhöhten Sicherheitsrisiken auf (siehe hierzu auch (Schmitz, 2014)).

Der finanzielle Aufwand für die Anschaffung beider Absorbens kann als Indiz hinzugezogen werden, ob sich das AMP auch aus wirtschaftlicher Sicht gegenüber dem MEA behaupten kann. Mittels einer Recherche über die Firma Sigma-Aldrich, welche als weltweit führender Hersteller und Händler von chemischen, biochemischen und pharmazeutischen Forschungsmaterialien agiert, ist eine erste Abschätzung der Kosten für die Anschaffung der entsprechenden Materialien vorgenommen worden. Hierbei sind Produktreinheiten von ≥ 99 % sowohl für das 2-Amino-2-methyl-1-propanol (AMP) als auch für das Monoethanolamin (MEA) hinzugezogen worden, um eine

Vergleichbarkeit untereinander zu gewährleisten. Der Preis hat sich für 500 ml der jeweiligen Substanz zu 94,60€ (MEA) bzw. 476,00€ (AMP) ergeben. Für Abnahmemengen in großtechnischem Maßstab ist ein deutlicher Mengenrabatt zu erwarten, der sich jedoch für beide Absorbens entsprechend niederschlagen würde. Abschließend kann an dieser Stelle festgehalten werden, dass zwischen den Kosten für die Anschaffung beider Absorbens ein Faktor von etwa 5 zu Gunsten des MEA liegt.

Es lässt sich somit festhalten, dass das AMP bei der Anschaffung und somit insbesondere bei den Investitionskosten eine höhere Belastung für die Industrie darstellt. Dem gegenüber stehen jedoch verminderte Betriebskosten (geringere Verlustmengen; keine Zudosierung eines Korrosionsinhibitors; energetisch günstigerer Prozess (RD)), sodass bei entsprechender Laufzeit die Vorteile beim AMP dem MEA überwiegen können. Für eine konkrete Aussage müssen hierzu experimentelle Untersuchungen im großtechnischen Maßstab oder Erfahrungswerte aus der Industrie hinzugezogen werden. Aus experimentellen Untersuchungen einiger Arbeiten bezüglich der Degradationseffekte beider Absorbens (vgl. (Lee, et al., 2013) und (Lepaumier, et al., 2009)) lässt sich ableiten, dass die Effekte der thermischen Degradation für das AMP unter genannten Betriebsbedingungen gegen Null streben, für das MEA sich jedoch negative Auswirkungen zeigen. Für die oxidative Degradation ergeben sich Richtwerte, bei denen die Degradationsrate im Falle des MEA etwa doppelt so hoch ist wie für den AMP-Fall. Gemäß der Dissertation nach (Lepaumier, 2008) sind hierbei Referenzwerte für die Degradationsrate unter leicht verschärften Betriebsbedingungen (140 °C Reboilertemperatur) von 0 %/Woche (AMP) bzw. 5,3 %/Woche (MEA) angegeben. Diese Werte können als erster Anhaltspunkt für die Abschätzung der Mehrkosten im MEA-Fall herangezogen werden.

Hinsichtlich der betrachteten Anwendungsfälle lässt sich formulieren, dass das AMP vor allem in Kraftwerksabgasen mit einem hohen $CO_2$-Partialdruck (z.B. kohlebefeuertes Kraftwerk) seinen energetischen Vorteil gegenüber dem MEA ausspielen kann. Das MEA hat sich hierbei vor allem in Prozessen mit einem niedrigen $CO_2$-Partialdruck im Rohgas etabliert. Nichtsdestotrotz hat das AMP auch hier vor dem Hintergrund der in dieser Arbeit gemachten Beobachtungen ein enormes Potential. Die in der Industrie weit verbreitete Hemmschwelle sowie Skepsis gegenüber neuartigen Prozessen bzw.

Prozessänderungen an etablierten Prozessen ist hierbei eine Herausforderung, die es zu überwinden gilt. Hier muss Aufklärungsarbeit von Seiten der Forschung betrieben werden. Ein radikalerer Weg könnte über politische Regularien und gesetzliche Vorgaben eingeschlagen werden.

Ein abschließender Aspekt soll bezüglich der Modelle für den geschlossenen Kreislaufprozess der Ab- und Desorption genannt werden. Es hat sich gezeigt, dass der Ansatz der rate-based Modellierung die in der Realität ablaufenden Vorgänge unter Zuhilfenahme und Verwendung geeigneter Modellparameter und Korrelationen adäquat abbilden kann. Hierbei hat sich das Simulationstool ACM zur Untersuchung von *scale-up* Problematiken bewiesen und bewährt. Der benötigte zeitliche Aufwand für die Erstellung, Anpassung und Nutzung der Modelle in der Simulationsumgebung ACM sowie die Dauer der Berechnungen limitieren einen alltäglichen Gebrauch in Industrie und Wirtschaft. Als konkrete Handlungsempfehlung kann an dieser Stelle die Kooperation zwischen Industrie und Forschung genannt werden. Hierbei kommen die Anforderungen aus der Industrie, die Expertise und Nutzung der Simulationen würde hierbei von Seiten der Forschung (Universitäten, Hochschulen) getätigt.

# 6 Zusammenfassung und Ausblick

Die vorliegende Masterarbeit mit dem Thema: „Modellbasierte Untersuchung der $CO_2$-Abscheidung aus Kraftwerksabgasen – Vergleich zweier Alkanolamine" hat gezeigt, dass sich das Modell mittels des rate-based Ansatzes in der Programmierumgebung ACM auf beliebige Alkanolamine erweitern lässt. Die Ergebnisse, welche sich mit dem Modell erzielen lassen, bilden hierbei die real ablaufenden Prozesse adäquat ab. Herausforderungen ergeben sich insbesondere bei der Beschaffung der benötigten Modellparameter sowie aller reaktionstechnischer Aspekte (Reaktionsgleichgewichte und -kinetik). Zudem ist gezeigt worden, dass Simulationen als *scale-up*-Tool genutzt werden und somit als Alternative, aber auch Ergänzung zu experimentellen Untersuchungen gesehen werden können. Im Zuge der systematischen Untersuchungen verschiedenster Prozessparameter hat sich das sterisch gehinderte Alkanolamin AMP gegenüber dem etablierten und am häufigsten eingesetzten Alkanolamin MEA als echte Alternative ergeben. Vor allem die sehr gute Regenerierbarkeit sterisch gehinderter Amine hat hierbei einen signifikanten Einfluss auf die sich positiv auswirkende energetische Effizienz des Gesamtprozesses. Eine Substitution der sich in der Vergangenheit bewährten Absorbens durch Potential aufweisende, neuartige Absorbens sollte in Industrie und Technik in Erwägung gezogen werden.

Im Laufe der Arbeit haben sich einige Ideen aufgetan, die als Anknüpfpunkte zur Weiterführung dieser Arbeit dienen könnten. Aus den Ergebnissen meiner Studienarbeit (Schmitz, 2014) hat sich gezeigt, dass eine Vielzahl aktueller Studien Forschungen im Bereich der Aminmischungen betreiben. Hierbei zeigen aktuelle Untersuchungen vielversprechende Potentiale auf und kommen letztendlich zu dem Ergebnis: *„Activation of AMP with MEA solutions seemed to be possible and gives also interesting results."*[102] Das in dieser Arbeit betrachtete Modell, welches in der Simulationsumgebung ACM implementiert worden ist, ermöglicht dem Nutzer eigenständige Modifikationen und Erweiterungen vorzunehmen. Da beide Reaktionssysteme bereits in einzelnen Modellen vorhanden sind, müssen diese im nächsten Schritt in einem Modell zusammengeführt

---

[102] (Dubois, et al., 2010)

und mit den benötigten Stoffdaten beider Absorbens verknüpft werden. Letzt genannter Aspekt wird in ACM über sogenannte *Properties-Files* realisiert, in denen die jeweiligen molekularen und elektrolytischen Komponenten ausgewählt sowie die geeigneten Berechnungsmethoden festgelegt werden können. Die Betrachtung von Mischungen zwischen MEA und AMP im Lösungsmittel $H_2O$ kann somit ermöglicht werden. Erste Ergebnisse können mit den Erkenntnissen von (Choi, et al., 2009) hierbei verglichen werden.

Ein weiterer Ansatzpunkt dieser Arbeit, der ebenfalls unter dem Aspekt der Aminmischungen gesehen werden kann, ist die Nutzung sogenannter Aktivatoren. Eine hierbei vielversprechende und intensiv untersuchte Komponente ist laut (Schmitz, 2014) mit dem zyklischen Amin namens Piperazin (PZ) gegeben (siehe hierzu auch (Bishnoi & Rochelle, 2000)). Insbesondere die Trägheit ablaufender Reaktionen mit dem $CO_2$ im Falle des sterisch gehinderten AMP erfährt durch die Zugabe des sehr reaktiven Piperazin einen positiven Effekt. Auf die begrenzte Löslichkeit von Piperazin in polaren Medien wie $H_2O$ ist hierbei zu achten. Zum Modellaufbau, insbesondere für die Beschreibung des Reaktionssystems inklusive benötigter kinetischer Größen, können die Erkenntnisse nach (Dash, et al., 2011) und (Samanta & Bandyopadhyay, 2009) genutzt werden. Für das System zwischen Piperazin-AMP-$CO_2$ muss ebenfalls eine *Properties*-Datei erstellt werden. Weitere hilfreiche Informationen zum Prozessaufbau können (Shi, 2014) sowie zu den physikalischen Eigenschaften des Gemisches zwischen AMP/PZ (Murshid, et al., 2011) entnommen werden. Nach (Dash, et al., 2011) ergibt sich ein optimales Mischungsverhältnis von 5 Gew.-% PZ mit 35 Gew.-% AMP in Lösung ($H_2O$), gemessen an der Absorptionsrate und dem sogenannten *enhancement factor*. Letzt genannter beschreibt hierbei, welchen positiven Einfluss die ablaufenden Reaktionen bei der Reaktivabsorption gegenüber der einfachen physikalischen Absorption auf den Stofftransport ausüben. Diese Erkenntnis könnte als Einstiegspunkt in die sich anschließende Arbeit dienen.

Am Lehrstuhl für Fluidverfahrenstechnik der Universität Paderborn wird in der Technikums-Anlage, welche einen Absorption-Desorptions-Kreislauf abbildet, eine experimentelle Untersuchung des Alkanolamins 3-Amino-1-Propanol (3-AP) vorgenommen. Aus diesem Grund wäre es wünschenswert, wenn die experimentellen

Ergebnisse durch eine modellbasierte Betrachtungsweise bestätigt werden könnten. Die Beschreibung und Implementierung des Reaktionssystems sowie der benötigten physikalischen Stoffdaten, insbesondere für die auftretenden Elektrolyte, stellt eine besondere Herausforderung dieser Aufgabenstellung dar. Hierbei muss eine intensive Literaturrecherche zu Beginn der Arbeit erfolgen, um die benötigten Daten ausfindig zu machen. Aspen ermöglicht hierbei dem Nutzer, zuvor nicht genau spezifizierte Komponenten in die *Properties-Files* über sogenannte *pseudo components* einzuarbeiten und somit dem Modell verfügbar zu machen.

Ein letzter, weiter zu untersuchender Aspekt, der sich aus dieser Arbeit ergeben hat, kann mit dem Einfluss der Temperatur in der Absorber-Kolonne formuliert werden. Eine steigende Temperatur, die aus der Exothermie der ablaufenden Reaktionen resultiert, hat einen negativen Einfluss auf die Lage des Gleichgewichts des $CO_2$-Abscheideprozesses. Ließe sich diese freiwerdende Energie aus dem Prozess abführen, könnte ein positiver Effekt auf den Gesamtprozess, gemessen an der Absorptionsrate, vernommen werden. Im Zuge der Aufgabenstellung muss hierbei zunächst eine energetische, modellbasierte Untersuchung der Absorber-Kolonne vorgenommen werden, um das Maß der abzuführenden Wärme zu ermitteln. Hieraus könnte die Idee einer zwischengekühlten Absorber-Kolonne, unter Einsatz der am Lehrstuhl ausgiebig untersuchten Thermoblech-Wärmeübertrager, resultieren. Hierbei dienen die Thermobleche gleichzeitig als strukturierte Packung in der Kolonne. Kritisch anzumerken sei an dieser Stelle jedoch bereits, dass durch die Zwischenkühlung im Absorber eine verminderte Absorber-Austrittstemperatur auftritt. Hierdurch wird ein erhöhter Wärmebedarf im Zuge der Vorwärmung des in den Desorber eintretenden, beladenen Absorbers formuliert. Dieser Aspekt wirkt sich negativ auf die energetische Effizienz aus.

Abschließend lässt sich festhalten, dass die Thematik der $CO_2$-Abscheidung mittels Alkanolaminlösungen auch in naher Zukunft ein relevantes und zudem interessantes Forschungsgebiet darstellt. Vor dem Hintergrund der klimatischen Veränderungen werden technologische, verfahrenstechnische Prozesse, die eine Minderung der aktuellen Emissionswerte herbeiführen können, in ihrer Bedeutung zunehmen und auch weiterhin in den Fokus politischer Diskussionen geraten.

# 7 Literaturverzeichnis

Aboudheir, A. & McIntyre, G., 2009. *Industrial Design and Optimization of CO2 Capture, Dehydration and Compression Facilities,* Bryan (Texas): Bryan Research & Engineering, Inc..

Aboudheir, A. & Tontiwachwuthikul, P. I. R., 2006. Rigorous model for predicting the behaviour of CO2 absorption into AMP in packed-bed absorption columns. *Industrial and Engineering Chemistry Research 45,* pp. 2553-2557.

Abu Zahra, M. R., 2009. *Carbon Dioxide Capture from Flue Gas - Development and Evaluation of Existing and Novel Process Concepts,* Delft: Technische Universiteit Delft - Printpartners Ipskamp B. V..

Afkhamipour, M. & Mofarahi, M., 2013. Comparison of rate-based and equilibrium-stage models of a packed column for post-combustion CO2 capture using 2-amino-2-methyl-1-propanol (AMP) solution. *International Journal of Greenhouse Gas Control 15,* pp. 186-199.

Afkhamipour, M. & Mofarahi, M., 2014. Sensitivity analysis of the rate-based CO2 absorber model using amine solutions (MEA, MDEA and AMP) in packed columns. *International Journal of Greenhouse Gas Control 25,* pp. 9-22.

Alatiqi, I., Sabri, M., Bouhamra, W. & Alper, E., 1994. A steady-state rate-based modeling for CO2/amine absorption-desorption systems. *Gas Separation and Purification 8,* pp. 3-11.

Aroonwilas, A., Chakma, A., Tontiwachwuthikul, P. & Veawab, A., 2003. Mathematical modelling of mass-transfer and hydrodynamics of CO2 absorbers packed with structured packings. *Chemical Engineering Science 58,* pp. 4037-4053.

Aspen Technology Inc., 2000. *Aspen Properties. Physical Property Methods and Models. Version 10.2.* Cambridge(MA): s.n.

Aspen Technology Inc., 2012. *Rate-Based Model of the CO2 Capture Process by MEA using Aspen Plus,* Burlington: Aspen.

Asprion, N., 2006. Nonequilibrium rate-based simulation of reactive systems: Simulation model, heat transfer, and influence of film discretization. *Industrial & Engineering Chemistry Research 45*, pp. 2054-2069.

Astarita, G., 1967. *Mass Transfer with Chemical Reaction.* Amsterdam: Elsevier Publishing Company.

Austgen, D. M., Rochelle, G. T., Peng, X. & Chen, C.-C., 1989. Model of Vapor-Liquid Equilibria for Aqueous Acid Gas-Alkanolamine Systems Using the Electrolyte NRTL Equation. *Ind. Eng. Chem. Res. 28*, pp. 1060-1073.

Baehr, H. D. & Stephan, K., 2013. *Wärme- und Stoffübertragung.* 8. Hrsg. Heidelberg: Springer Vieweg.

Baerns, M. et al., 2013. *Technische Chemie.* 2. Hrsg. Weinheim: John Wiley & Sons.

Barth, D., Tondre, C. & Delpuech, J. J., 1986. Stopped-Flow Investigastions of the Reaction Kinetics of Carbon Dioxide with Some Primary and Secondary Alkanolamines in Aqueous Solution. *Int. J. Chem. Kin. 18*, pp. 445-457.

Barzagli, F., Mani, F., Peruzzini & Maurizio, 2010. Continuous cycles of $CO2$ absorption and amine regeneration with aqueous alkanolamines: a comparison of the efficiency between pure and blended DEA, MDEA and AMP solutions by C NMR spectroscopy. *Energy Environ. Sci. 3*, 3 März, pp. 772-779.

Billet, R. & Schultes, M., 1999. Prediction of mass transfer columns with dumped and arranged packings: updated summary of the calculation method of bullet and schultes.. *Transactions of the IChemE 77, Part A*, pp. 498-504.

Bishnoi, S. & Rochelle, G., 2000. Absorption of carbon dioxide in aqueous piperazine: reaction kinetics, masstransfer and solubility. *Chemical Engineering Science 55*, pp. 5531-5543.

Camacho, F. et al., 2005. Thermal effects of $CO2$ absorption in aqueous solutions of 2-amino-2-methyl-1-propanol. *AIChE Journal 51*, pp. 2769-2777.

Chen, C.-C.-., Britt, H. I., Boston, J. F. & Evans, L. B., 1982. Local Compositions Model for Excess Gibbs Energy of Electrolyte Systems. Part I: Single Solvent, Single Completely Dissociated Electrolyte Systems. *AIChE Journal 28*, pp. 588-596.

Chen, C.-C. & Evans, L. B., 1986. A Local Composition Model for the Excess Gibbs Energy of Aqueous Electrolyte Systems. *AIChE Journal 32*, pp. 444-459.

Chiu, L.-F. & Li, M.-H., 1999. Heat Capacity of Alkanolamine Aqueous Solutions. *J. Chem. Eng. Data 44 (6)*, pp. 1396-1401.

Choi, W.-J.et al., 2009. Removal characteristics of CO2 using aqueous MEA/AMP solutions in the absorption and regeneration process. *Journal of Environmental Sciences 21*, pp. 907-913.

Counce, R. M. & Perona, J. J., 1986. Designing Packed-Tower Wet Scrubbers: Emphasis on Nitrogen Oxides. In: *Handbook of Heat and Mass Transfer*. Houston: Gulf Pub. Comp. Book Division.

Cullen, E. J. & Davidson, J. F., 1957. Absorption of Gases in Liquid Jets. *Trans. Faraday Soc. 53*, pp. 113-120.

Cussler, E. L., 2009. *Diffusion - Mass Transfer in Fluid Systems*. 3. Hrsg. Cambridge: Cambridge University Press.

Danckwerts, P. V., 1970. *Gas-Liquid Reactions*. New York: McGraw-Hill.

Dash, S. K., Samanta, A., Samanta, A. N. & Bandyopadhyay, S. S., 2011. Absorption of carbon dioxide in piperazine activated concentrated aqueous 2-amino-2-methyl-1-propanol solvent. *Chemical Engineering Science 66*, pp. 3223-3233.

Doraiswamy, L. L. & Sharma, M. M., 1984. *Heterogeneous Reactions: Analysis, Examples and Reactor Design*. New York: Wiley.

Dubois, L., Mbasha, P. K. & Thomas, D., 2010. CO2 Absorption into Aqueous Solutions of a Polyamine, a Sterically Hindered Amine, and their Blends. *Chem. Eng. Technol. 33 No. 3*, pp. 461-467.

Dubois, L. & Thomas, D., 2011. Carbon dioxide absorption into aqueous amine based solvents: modeling and absorption tests. *ScienceDirect - Energy Procedia 4*, pp. 1353-1360.

Edwards, T. J., Maurer, J. & Newman, J., 1978. Vapor-Liquid Equilibria in Multicomponent Aqueous Solutions of Volatile Weak Electrolytes. *AIChE Journal 24*, pp. 966-976.

Faramarzi, L. et al., 2010. Absorber model for CO2 capture by monoethanolamine. *Industrial and Engineering Chemistry Research 49*, pp. 3751-3759.

Gabrielsen, J., 2007. *CO2 Capture from Coal Fired Power Plants*, Kopenhagen: Book Partner - Norhaven Digital.

Gabrielsen, J., Michelsen, M. L., Stenby, E. H. & Kontogeorgis, G. M., 2006. Modeling of CO2 Absorber Using an AMP Solution. *AIChE Journal Vol. 52, No. 10*, Oktober, pp. 3443-3451.

Gabrielsen, J. et al., 2007. Experimental validation of a rate-based model for CO2 capture using an AMP solution. *Chemical Engineering Science 62*, pp. 2397-2413.

Gani, R. & Jorgensen, S. B., 2001. *European Symposium On Computer Aided Process Engineering - 11*. Amsterdam: Elsevier Science.

Goedecke, R., 2011. *Fluidverfahrenstechnik: Grundlagen, Methodik, Technik, Praxis.* 1. Hrsg. Weinheim: WILEY-VCH GmbH & Co. KGaA..

Guggenheim, E. A. & Turgeon, J. C., 1955. Specific Interaction of Ions. *Trans. Faraday Soc. 51*, pp. 747-761.

Hanley, B. & Chen, C.-C., 2012. Corrections to "New Mass Transfer Correlations for Packed Towers". *AIChE Journal Vol. 58, No. 7*, Juli, pp. 2290-2293.

Hanley, B. & Chen, C.-C., 2012. New Mass-Transfer Correlations for Packed Towers. *AIChE Journal Vol. 58, No. 1*, Januar, pp. 132-152.

Henley, E. J. & Seader, J. D., 1981. *Equilibrium Stage Separation Operations in Chemical Engineering.* New York: Wiley.

Hikita, H., Asai, S., Ishikawa, H. & Honda, M., 1977. The Kinetics of Reations of Carbon Dioxide with Monoethanolamine, Diethanolamine and Triethanolamine by a Rapid Mixing Method. *Chem. Eng. Journal 13*, pp. 7-12.

Hirschfelder, J. O., Curtiss, C. F. & Bird, R. B., 1964. *Molecular Theory of Gases and Liquids.* New York: Wiley.

Horvath, A. L., 1985. *Handbook of Aqueous Electrolyte Solutions.* Chichester: Ellis Horwood.

Hougen, O. A., Watson, K. M. & Ragatz, R. A., 1962. *Chemical Process Principles I, Material and Energy Balances.* New York: Wiley.

Hsu, C.-H. & Li, M.-H., 1997. Viscosities of Aqueous Blended Amines. *J. Chem. Eng. Data 42*, pp. 714-720.

Kale, C. et al., 2011. *Simulation of Reactive Absorption: Model Validation for CO2-MEA system.* Chalkidiki, Griechenland, Elsevier, pp. 61-64.

Kenig, E. Y., 2000. *Modeling of Multicomponent Mass Transfer in Separation of Fluid Mixtures.* Düsseldorf: VDI-Verlag.

Kenig, E. Y. & Górak, A., 1995. A Film Model Based Approach for Simulation of Multicomponent Reactive Separation. *Chem. Eng. Process 34*, pp. 97-103.

Kenig, E. Y., Kucka, L. & Górak, A., 2002. Rigorose Modellierung von Reaktivabsorptionsprozessen. *Chemie Ingenieur Technik (74)*, pp. 745-764.

Kenig, E. Y., Wiesner, U. & Górak, A., 1997. Modeling of Reactive Absorption Using the Maxwell-Stefan Equations. *Ind. Eng. Chem. Res. 36*, pp. 4325-4334.

Khan, F., Krishnamoorthi, V. & Mahmud, T., 2011. Modelling reactive absorption of CO2 in packed columns for post-combustion carbon capture applications. *Chemical Engineering Data 48*, pp. 551-556.

Kim, Y. E. et al., 2013. Comparison of CArbon Dioxide Absorption in Aqueous MEA, DEA, TEA and AMP Solutions. *Bull. Korean Chem. Soc. Vol. 34 No. 3*, pp. 783-787.

Kohl, A. & Nilsen, R., 1997. *Gas Purification.* 5. Hrsg. Houston(Texas): Gulf Publishing Company.

Kolev, N., 1976. Wirkungsweise von Füllkörperschüttungen. *Chem.-Ing.-Tech. 48*, pp. 1105-1112.

Kothandaraman, A., 2010. *Carbon Dioxide Capture by Chemical Absorption: A Solvent Compararison Study,* Massachusetts: s.n.

Kucka, L., Müller, I., Kenig, E. Y. & Górak, A., 2003. On the modelling and simulation of sour gas absorption by aqueous amine solutions. *Chemical Engineering Science 58*, pp. 3571-3578.

Kuranov, G., Rumpf, B., Maurer, G. & Smirnova, N., 1997. VLE Modelling for Aqueous Systems Containing Methyldiethanolamine, Carbon Dioxide and Hydrogen Sulfide. *Fluid Phase Equil. 136*, pp. 147-162.

Kvamsdal, H. & Rochelle, G., 2008. Effects of temperature in CO2 absorption from flue gas by aqueous monoethanolamine. *Industrial and Engineering Chemistry Research 43 (3)*, pp. 867-875.

Laddha, S. S. & Danckwerts, P. V., 1981. Reaction of CO2 with Ethanolamines: Kinetics from Gas-Absorption. *Chem. Eng. Sci. 36*, pp. 479-482.

Lee, I.-Y.et al., 2013. Oxidative Degradation of Alkanolamines with Inhibitors in CO2 Capture Process. *Energy Procedia 37*, pp. 1830-1835.

Lepaumier, H., 2008. *Study of degradation mechanisms of amines used for CO2 capture from flue gases,* France: Université de Savoie.

Lepaumier, H., Picq, D. & Carrette, P.-L., 2009. New Amines for CO2 Capture. I. Mechanisms of Amine Degradation in the Presence of CO2. *Ind. Eng. Chem. Res. 48*, pp. 9061-9067.

Levenspiel, O., 1999. *Chemical Reaction Engineering.* 3rd Hrsg. New York: John Wiley & Sons.

Liu, G. et al., 2006. Simulations of chemical absorption in pilot-scale and industrial scale packed columns by computational mass transfer. *Chemical Engineering Science 61 (19)*, pp. 6511-6529.

Mock, B. & Evans, L. B. C. C.-C., 1984. *Phase Equilibria in Multiple-Solvent Electrolyte Systems: A New Thermodynamic Model.* Boston, s.n.

Mock, B., Evans, L. B. & Chen, C.-C., 1986. Thermodynamic Representation of Phase Equlibria of Mixed-Solvent Electrolyte Systems. *AIChE Jouranl 32*, pp. 1655-1664.

Moioli, S., Pellegrini, L. & Gamba, S., 2012. Simulation of CO2 capture by MEA scrubbing with a rate-based model. *Procedia Engineering 42*, pp. 1651-1661.

Mores, P., Scenna, N. & Mussati, S., 2011. Post-combustion carbon capture process: equilibrium stage mathematical model of the chemical absorption of CO2 into

144

monoethanolamine (MEA) aqueous solution. *Chemical Engineering Research and Design 89 (9)*, pp. 1587-1599.

Mores, P., Scenna, N. & Mussati, S., 2012. A rate-based model of a packed column for CO2 absorption using aqueous monoethanolamine solution. *International Journal of Greenhouse Gas Control 6*, pp. 21-26.

Murshid, G., Shariff, A., Keong, L. & Bustam, M., 2011. Physical Properties of Aqueous Solutions of Piperazine and (2-Amino-2-methyl-1-propanol + Piperazine) from (298.15 to 333.15) K. *Journal of Chemical Engineering Data 56*, pp. 2660-2663.

Notz, R. J., 2010. *CO2-Abtrennung aus Kraftwerksabgasen mittels Reaktivabsorption*, Berlin: Logos Berlin.

Øi, L. E., 2010. CO2 removal by absorption: challenges in modelling. *Mathematical and Computer Modelling of Dynamical Systems Vol. 16*, December, pp. 511-533.

Onda, K., Takeuchi, H. & Okumoto, Y., 1968. Mass Transfer Coefficients between Gas and Liquid Phases in Packed Columns. *J. Chem. Eng. Japan 1*, pp. 56-62.

Pandya, J., 1983. Adiabatic gas absorption and stripping with chemical reaction in packed towers. *Chemical Engineering Communications 19 (4)*, pp. 343-361.

Pinsent, B., Pearson, L. & Roughton, F., 1956. The Kinetics of Combination of Carbon Dioxide with Hydroxide Ions. *Trans. Faraday Soc. 52*, pp. 1512-1520.

Pitzer, K. S., 1973. Thermodynamic of Electrolytes. I. Theoretical Basis and General Equations. *J. Phys. Chem. 77*, pp. 268-277.

Pitzer, K. S. & Kim, J. J., 1974. Thermodynamics of Electrolytes. IV. Activity and Osmotic Coefficients for Mixed Electrolytes. *J. Am. Chem. Soc. 96*, pp. 5701-5707.

Pitzer, K. S. & Mayorga, G., 1973. Thermodynamics of Electrolytes. II. Activity and Osmotic Coefficients for Strong Electrolytes with One or Both Ions Equvalent. *J. Phys. Chem. 77*, pp. 2300-2308.

Rackett, H. G., 1970. Equation of State for Saturated Liquids. *J. Chem. Eng. Data 15*, pp. 514-517.

Razi, N., Svendsen, H. F. & Bolland, O., 2013. The Impact of Design Correlations on Rate-based Modeling of a Large Scale CO2 Capture with MEA. *Energy Procedia 37*, pp. 1977-1986.

Reddy, S. & Gilmartin, J., 2008. *Fluor`s Econamine FG Plus(SM) Technology for Post-Combstion CO2 Capture.* Amsterdam Marriott Hotel, FLUOR.

Reid, R., Prausnitz, J. M. & Poling, B. E., 1987. *The Properties of Gases and Liquids.* New York: McGraw-Hill.

Rocha, J. A., Bravo, J. L. & Fair, J. R., 1993. Distillation columns containing structured packings: a comprehensive model for their perfomance. 1. Hydraulic models. *Industrial and Engineering Chemistry Research 32*, pp. 641-651.

Rocha, J. A., Bravo, J. L. & Fair, J. R., 1996. Distillation columns constaining structured packings: a comprehensive model for their performance. Mass-transfer model.. *Industrial and Engineering Chemistry Research 35*, pp. 1660-1667.

Saha, A. K., Bandyopadhyay, S. S. & Biswas, A. K., 1995. Kinetics of absorption of CO2 into aqueous solutions of 2-amino-2-methyl-1-propanol. *Chem. Eng. Sci. 50*, pp. 3587-3598.

Samanta, A. & Bandyopadhyay, S., 2009. Absorption of carbon dioxide into aqueous solutions of piperazine activated 2-amino-2-methyl-1-propanol. *Chem. Eng. Sci. 64*, pp. 1185-1194.

Sattler, K., 2001. *Thermische Trennverfahren - Grundlagen, Auslegung, Apparate.* 3. Hrsg. Weinheim: Wiley-VCH.

Schmitz, O., 2014. *Studienarbeit am Lehrstuhl für Fluidverfahrenstechnik.* Paderborn: Universität Paderborn.

Seader, J. D., 1989. The Rate-Based Approach for Modelling Staged Separations. *Chem. Eng. Progr. 85*, pp. 41-49.

Sherwood, T. K. & Pigford, R. L., 1952. *Absorption and Extraction.* New York: McGraw-Hill.

Sherwood, T. K., Pigford, R. L. & Wilke, C. R., 1975. *Mass Transfer.* New York: McGraw-Hill.

Shi, F., 2014. *Reactor and Process Design in Sustainable Energy Technology.* Amsterdam: Elsevier.

Sorel, E., 1893. *La Rectification de l'Alcool.* Paris: Gauthiers-Villais et fils.

Taylor, R. & Krishna, R., 1993. *Multicomponent Mass Transfer.* New York: Wiley.

Tobiesen, F. A., Svendsen, H. F. & Juliussen, O., 2007. Experimental Validation of a Rigorous Absorber Model for CO2 Postcombustion Capture. *AIChE Journal Vol. 53, No. 4,* April, pp. 846-865.

Tobiesen, F., Juliussen, O. & Svendsen, H., 2008. Experimental validation of a rigorous desorber model for CO2 post-combustion capture. *Chemical Engineering Science 63,* pp. 2641-2656.

Tontiwachwuthikul, P., Meisen, A. & Lim, C. J., 1992. CO2 absorption by NaOH, monoethanolamine, and 2-amino-2-methyl-1-propanol solutions in a packed column. *Chemical Engineering Science 47,* pp. 381-390.

Tsai, R. E., Seibert, F., Eldridge, R. B. & Rochelle, G. T., 2011. A Dimensionless Modell for Predictiong the Mass-Transfer Area of Structured Packing. *AIChE Journal 57, No. 5,* pp. 1173-1184.

Vaidya, P. D. & Kenig, E. Y., 2007. CO2-Alkanolamine Reaction Kinetics: A Review of Recent Studies. *Chem. Eng. Technol. 30,* 13 August, pp. 1467-1474.

Versteeg, G. F., Van Dijck, L. A. J. & Van Swaaij, W. P. M., 1996. On the Kinetics Between CO2 and Alkanolamines Both in Aqueous and Non-Aqueous Solutions. An Overview. *Chem. Eng. Commun. 144,* pp. 113-158.

Vignes, A., 1966. Diffusion in Binary Solutions. *Ind. Eng. Chem. Fund. 5,* pp. 189-199.

Vinke, A., Marbach, G. & Vinke, J., 2013. *Chemie für Ingenieure.* 3. Hrsg. Berlin: Walter de Gruyter.

von Harbou, I., Imle, M. & Hasse, H., 2014. Modeling and simulation of reactive absorption of CO2 with MEA: Results for four different packings on two different scales. *Chemical Engineering Science 105,* pp. 179-190.

Westerterp, K. R., Van Swaaij, W. P. M. & Beenackers, A. A. C. M., 1984. *Chemical Reactor Design and Operation.* Chichester: Wiley.

Wilke, C. R., 1950. Diffusional Properties of Multicomponent Gases. *Chem. Eng. Progr.*, pp. 95-104.

Wilke, C. R. & Chang, P., 1955. Correlation and Diffusion Coefficients in Dilute Solutions. *AIChE Journal 1*, pp. 264-270.

Wilke, C. R. & Lee, C. Y., 1955. Estimation of Diffusion Coefficients for Gases and Vapors. *Ind. Eng. Chem. 47 (6)*, pp. 1253-1257.

Yeh, J. T. & Pennline, H. W., 2001. Study of CO2 Absorption and Desorption in a Packed Column. *Energy & Fuels 15*, pp. 274-278.

Printed in the United States
By Bookmasters